提升你的
职场竞争力

晚空\著

北京工艺美术出版社

图书在版编目（CIP）数据

提升你的职场竞争力/晚空著. — 北京：北京工艺美术出版社， 2018.3
（励志·坊）

ISBN 978-7-5140-1213-2

Ⅰ.①提… Ⅱ.①晚… Ⅲ.①成功心理－通俗读物 Ⅳ.①B848.4-49

中国版本图书馆CIP数据核字（2017）第041325号

出　版　人：陈高潮
责任编辑：陈宗贵
封面设计：天下装帧设计
责任印制：宋朝晖

提升你的职场竞争力

晚　空　著

出　　版	北京工艺美术出版社	
发　　行	北京美联京工图书有限公司	
地　　址	北京市朝阳区化工路甲18号	
	中国北京出版创意产业基地先导区	
邮　　编	100124	
电　　话	（010）84255105（总编室）	
	（010）64283630（编辑室）	
	（010）64280045（发　行）	
传　　真	（010）64280045/84255105	
网　　址	www.gmcbs.cn	
经　　销	全国新华书店	
印　　刷	三河市天润建兴印务有限公司	
开　　本	710毫米×1000毫米　1/16	
印　　张	18	
版　　次	2018年3月第1版	
印　　次	2018年3月第1次印刷	
印　　数	1～6000	
书　　号	ISBN 978-7-5140-1213-2	
定　　价	39.80元	

目 录

敢于挑战和突破自我

认真负责地对待工作

目　录

坚定自己努力的方向

你需内心强大而丰盈

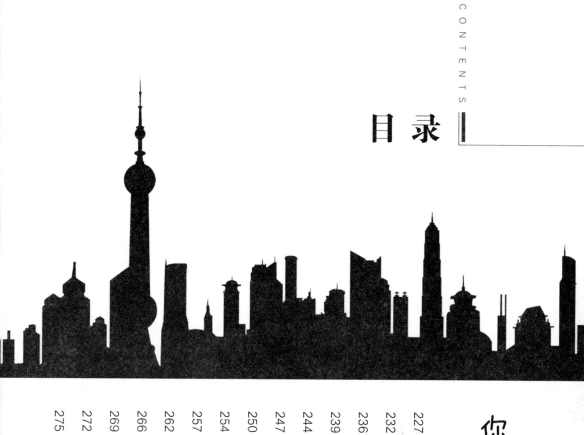

敢于挑战和突破自我

不管你现在的生活如何，
都不重要，
只要你有一颗永远向上的心，
你愿意做坚韧上进的自己。
既然梦想成为那个别人无法企及的自己，
就应该付出别人无法企及的努力。

{ 你要有一颗
永远向上的心 }

我的一个堂弟大学毕业一年了，工作换了四份，最近又离职了。而在这一年中间，他还休息了两个月。我惊讶于他换工作的频繁，他气愤地说："之所以如此频繁地换工作，是因为自己运气不好，一直遇不到适合自己的工作，遇不到一个赏识自己的伯乐！"

总之，离职的原因不是因为老板苛刻，就是老板有眼无珠，对自己的创意不欣赏，或者同事之间钩心斗角，工作环境不好。

我问，"你想要的工作是什么样的？"他想了想说："至少不太累，每天出入高档写字楼，可以经常旅游，老板给的薪水很可观……"听着堂弟滔滔不绝的描述，我明白了，和他有同样想法的年轻人我遇到的并不少。现在有的年轻人想法很多，喜欢强调自己的梦想。

当你看了《杜拉拉升职记》，便觉得外企真好，可以出入高档写字楼，操一口流利的英文，拿着让人眼红的薪水；

当你看了《亲密敌人》，就觉得投行男好帅，开着豪车，漫步澳大利亚的海滩，随手签着几百万的合同；

当你看到一条精妙的广告赞不绝口，就觉得做营销好潮，可以把握市场脉搏，纵情挥洒自己的创意；

当你看到一位做房地产的朋友，每天和有钱人出入各种高档场所，发着各种挥霍的微博，就觉得做房地产好赚钱；

当你看到一位快速消费品人员满世界出差，在各种地方住五星级酒店，就觉得做快速消费品好风光。

我想说的是，当你疯狂地爱上那种洋洋得意的状态时，你却不曾想到日思夜想称之为梦想的状态，其实并不像看到的那样简单。

表面风光的背后，你看不到他们付出的努力，你看不到他们所吃的苦。他们之所以能取得让人望尘莫及的荣耀，只因为他们付出了常人难以企及的努力。他辛勤工作的身影，他时刻洋溢的才华，他的一切经得起岁月的推敲。

而让我感受如此深刻的，是一个朋友的经历。我的朋友名叫朵朵，在她还是某科技学院艺术设计专业大四学生的时候，就很积极地努力找工作。最后，毕业之际，她被一家玻璃制品贸易公司录用了。

可是当她入职报到时，她发现老板对她很冷淡。原来董事长并没有同意招一个专职平面设计的员工，是总经理实在找不到合适的人员，才选中了她。

入职几天后，一家澳大利亚公司的贸易代表来公司考察。两家公司事先有一个数百万元的玻璃水杯项目，但没有最后拍板，因为水杯上没有任何装饰色彩和图案，于是老板尝试性地把设计任务交给了朵朵。

朵朵初接到这个任务，感觉似乎有千斤重担压着自己，真的喘不过气来。但朵朵有股犟劲儿，什么事都不愿落在人后。为了证明自己，她的犟劲又上来了。她说："如果一件事值得你去做，就一定把它做好，无论付出多少努力。"

大二时，朵朵的美术天赋开始显现。那时她给人做装饰画，一幅画能挣三十块钱。半年后，她在书画市场看到自己的作品，标价已经超过了三千元。她直埋怨雇主"黑心"，但她也看到了自己的价值，还悟出了一条职场经验，关键就是你要有把"刷子"，是一个"金刚钻"。

如今，虽然任务很艰巨，但朵朵决心挑战自己。开始做准备工作吧，朵朵决定先从外围入手。她先到公司资料室，看公司创立时的历史，了解企业的发展历程，她似乎悟到了公司发展的原因，公司的企业文化就这样流进了她的血液里。

看累了，朵朵就下车间看每一道生产工序，看工人是如何生产的；又到营销部，找销售员了解什么样的杯子好销，这个单是如何签到的；最后到开发部看师傅们如何设计。

这样一天过去了，还是没有眉目，晚上她依然沉浸在这档子事里。她上网查看各种杯子的生产历史、造型、图案。渐渐地，她仿佛生活在杯子的世界里，晚上睡觉时，她的脑子里还是杯子。

两天过去了，她仍然没有动笔。第三天，她上网查澳大利亚当地的风土人情、审美趣味、文化艺术、广告设计，在搜到的英文网页中慢慢揣摩，渐渐有了一点灵感。接着她开始摸索使用电脑设计软件，开始了最初的设计。当几份草图出来后，她觉得似乎还有点欠缺。

她想，自己不能做成完全是当地风格的样品，否则，他们为什么不在本国找厂家，而要从中国订货？中国是一个文明古国，历史文化博大精深，中国的文化艺术很受西方青睐，所以，应该融入中国元素。就这样，她又参考了中国的传统服饰、徽派建筑特色等，设计出了一些中西形式结合的样品。

在那一个星期里，朵朵每天工作至少18个小时。她全天候都在做这一件事，累得脚都水肿了，屁股都坐麻了，眼睛都疼了。

最后，总算从设计的几百幅作品中挑选了五幅水杯图案。传到澳大利亚后，客户看到她设计的样品非常满意，最后敲定了那笔数百万元的订单，之后又追加了一倍的订单。

这次任务的圆满完成，让老板对这个小女生刮目相看。不仅决定留用她，而且直接把她提升为企划总监，负责公司的设计工作。老板还告诉她，以后她也可以拿年薪了。

她的很多师姐、师妹都很羡慕她运气好，母校也请她介绍经验。她说："大学毕业生刚走上工作岗位，每个人都有自己的梦想，但你的努力要配得上你的梦想。"

如今是一个浮躁的时代，大家都以为，只有速成才是走向成功的唯一标准。是的，我们的确经常可以听到某某学姐轻轻松松就拿到剑桥或者哈佛的全奖；我们也会听到某某学长刚毕业就创立了自己的公司，日进斗金，事业做得风生水起。总之，别人的未来看似清晰夺目，而自己的未来却暗淡无光。

传奇人物们的神话，就像是黏在座椅靠背上的图钉，时刻刺痛我们稍微放松一下的神经。我们突然觉得，自己是那么平凡，自己的梦想是如此遥不可及。

其实，你一点儿也不必垂头丧气，更不必气馁。没有谁的青春是一路踩着红毯微笑走过的，在那些成功的光鲜身影背后，更多的是你不曾看到的努力与艰辛。

青春是一场残酷的历练，不管你现在的生活如何，都不重要，只要你有一颗永远向上的心，你愿意做坚韧上进的自己。既然梦想成为那个别人无法企及的自己，就应该付出别人无法企及的努力。

{ 命运只会垂青 那些有准备的人 }

我有位朋友，工作能力很强，年纪轻轻就去了一家公司做经理。那大概是10年前的事情吧，那时候，我还在做主管呢，那差距，真不是一般的大。

我们因为曾经同事过很长一段时间，工作交情和私人友谊都比较深厚，因此，我们之间仍然保持了较好的沟通和交流，定期会聚上一聚。

他因为工作出色，前途顺利，每次见面，都是一副意气风发的样子。每次谈起未来，他都两眼发亮，声音洪亮，充满了信心。当时，他工作的公司的业绩蒸蒸日上，他也水涨船高，步步高升，随着时间的推移，做到了副总，薪水加红利让我垂涎欲滴。那些年，我内心深处还是真没少拿他做过榜样，每当在职场上发展不顺，挺不住的时候，就默默回想他意气风发的样子来给自己鼓劲。

后来，我去另外一个城市工作，而他仍旧留在原公司，虽然见面的机会少了，但我们的沟通并没有减少。有段时间，很多工厂想挖他，希望他复制原公司的成功模式。在电话里聊起，我劝他应该考虑一下。他说，他从来没有考虑过这件事。

我问为什么？他说，三个原因：一，他认为在一个公司工作忠诚度很重要，他不愿意背弃培养他成长的公司；二，在工厂工作了五六年了，得心应手，公司发展前景又好，前途光明，未来可期，犯不着跑到前途难测，完全看不清未来的公司去；三，老板对自己很好，承诺未来给自己股份，一起将公司做上市，打工打成老板，这是多么幸福的事。

确实，后来的几年里，每次打电话给他，或者他打电话来，带来的消息，不是出国开拓业绩，就是在国内发布新产品，不时还会参加公开的座谈会与演讲，接受采访，风光如意，不可一世，反正我看到的他，简直就是坐着直升机，一飞冲天的样子。

前段时间，他突然打电话来，向我打听有没有合适的工作机会。什么？我一听就跳起来了，那么好的公司你不做，想干啥？细聊下来，才知道，发生了两件事，让他开始产生了想离职的想法。

第一件事，随着公司的高速发展，一些人员似乎开始跟不上公司的发展了。对此，他的观点是，加大培训，送这些管理人员出去学习和进修，请咨询公司来公司辅导。但老板坚决不同意。老板的原话是："跟不上就让他们走人！"原本老板对他管理的几个部门是不怎么过问的，现在却频频插手，并要求调整几个重要岗位上的主管。

这让他产生了深深的疑惑。他去这家公司的时候，是单枪匹马一个人去的，并没有带所谓的自己人，而现在主要岗位上的这些主管，也是他从原来的团队里发掘并慢慢培养起来的。他一心一意，就想为公司培养人才梯队，真心希望这些人能成长起来，即便有一天来接替自己的职位也好。但现在老板居然拿他当外人，还将他用心给公司培养起来的主管也当外人，这让他格外伤心。"他并没有当我们是公司的人才，而是当我们是耗材。现在价值没那么大了，想弃掉我们。"他口中的他，指的是老板。

第二件事，老板并没有兑现给他的股份承诺。虽然每次老板都说得很动听，但每当他提起具体的事情的时候，老板就搪塞过去，所以说了近十年，也没有给过他一毛钱股份。他说，前几天，他执意要老板表态，明确股份的事，结果老板说，股份可以给，但要自己出钱买，给出来的价格高得离谱，根本就没法弄。"我在这家公司打拼了10年，牺牲掉家庭生活，奉献出青春岁月，到头来得到的，不过是一纸空文。想不到，我摊到的，竟然是这样的结局！他说是要我买股份，其实是在赶我走。"他的语气中充满了怨恨。

朋友这件事给我的冲击蛮大。使得我认真思考了一番工作思路与方法的问题。

每个人可能会有倒霉的那一天，千万别觉得现在的顺风顺水会一直下去。

说真的，进入私企的人，其实都清楚，自己可能会有工作朝不保夕、倒霉的那一天。没有人敢肯定，我今天在这家公司做事，20年后我还能在这里做事。也就是说，职场的残酷无情，其实一直都在，从我们进入的那一天起，我们就应该很清楚。只不过，我们不知道它将以什么样子的方式、什么时候来临。

普通的上班族，如主管、文员、文案、职员、组长等级别的职位，很容易在大环境不好，业绩不佳、公司转型升级、与上司无法相处、无法适应环境……的时候，出局。不过，好的地方是，这些级别的职位和工作，相对好找，所以转身也容易，离开的人受到的伤害也小。

而那些公司的高阶主管，虽然位高权重，平时看着趾高气扬，前途无量，可一旦倒起霉来，往往更甚。为啥？想想看，做到中高阶主管，有多不容易，总得奋斗上那么十几二十年吧？那时候是什么年纪？四五十岁。到了这个年纪，还怎么翻身？如果很不幸，你一辈子都在那家公司，那几乎没有选择，就连回头路都没有，进退不得。

在这件事情上，千万别心存侥幸。在职场上，特别是私营企业里，一直能向上而不经历中年危机的，在我见过的人里，凤毛麟角。

既然如此，那又有什么值得怨恨与抱怨命运不公的呢？说到底，其实还是自己没有提前做准备，没有防范好。

中奖的都是有准备的人。既然命运不能寄托于别人，那就自己来谱写，提前做准备吧。

怎么做呢？我的建议是：

1. 相信自己一定会"倒霉"。所有在职场上听来的那些悲伤的故事，都可能在自己身上发生。所以，要提前有心理准备，要在能争取到利益的时候，尽量去争取自己的利益，并尽可能最大化。工作中，你可以忠诚，可以用心，但不要被忠诚和用心绑架到没有理智。

2. 适度的自私自利一点。何为适度？具体怎样做呢？就是为公司打拼出招牌的同时，也要记得塑造自己的品牌，打响自己的品牌，比如像李开复在谷歌、唐骏在微软一样，不仅是打工，为雇主工作，同时也利用雇主的平台，塑造自己的品牌。这样，就可以在帮公司创造价值的时候，也同时提升了自己。

在工作中，与老板合作的过程中，不一定要无端怀疑老板的诚信，但一定得为自己留好后路。这样，一旦某一天风云突变的时候，你既不用惊讶，也不用失望，而是腾挪闪躲，有自己的回旋空间，可以跳到新的舞台上去。

当你还不是领导时……

我毕业于一所普通院校。经过了十年的打拼，我成了单位的一名中层领导。

这不是今天的重点，今天我想讲一讲领导喜欢什么样的下属？也就是作为下属，我们身上要具备或锻炼哪些性格、能力、气质，才会受到领导欣赏呢？

相信我，平常我是不会面对下属讲这些的。

[做人要诚实]

在领导眼中，这是首要条件。做事先要做人。人都做不好，领导怎么能放心把工作交给你做呢？

在日常工作中，我们常常碰到这样的下属：在规定的时间内没有完成领导交办的任务，当领导问原因的时候，却找出各种堂而皇之的理由。不管什么原因，完不成任务就是失职。有些人工作投机取巧，妄想蒙混过关，可他们低估了领导的智商。

领导从底层一路拼杀过来，什么套路没见过？

做人诚实在职场中非常重要。不要处处显示你的精明，在领导眼中那些不过是一些小把戏罢了。在工作中出现一些问题是很正常的事，不会就是不会，错了就是错了，千万不要找借口、说假话，这样最终会得不偿失。

［勇敢接受任务］

作为领导，当把一件事情交给某个下属去做的时候，其实在他们心里已经对你有了评估。你能不能完成？完成到什么程度？这些在他们心中大致是有数的。他们不会拿单位、公司和项目去冒险，万一你完不成，领导不是也不好交代嘛。

所以，当领导交给你任务的时候，你要勇敢承担。用自己的实际行动和业绩证明领导没有看错人。在工作推进过程中，如果遇到问题，要尽快通过一切途径学习了解，也可以请教同事或上级，排除一切困难，圆满地完成任务。

［要汇报阶段性工作情况］

日常工作中经常出现两种情况：一种是下属在接受任务后，从不向领导汇报进展工作。有些人认为领导信任我，我一定要独当一面努力去完成，没必要向领导汇报，等工作彻底完成的时候把总结材料往领导桌上一放，就完事了。

第二种是下属在接受任务后，事无巨细都向领导汇报。他们觉得自己干了工作，就要让领导知道，否则领导看不见，干了等于白干。

这两种做法都是错误的，领导都不会喜欢。经常不汇报，领导会担心工作进度；天天汇报，又极易引起领导的反感。

正确做法是：在自己权限范围内能协调的问题自己处理解决，自己处理不了的需要领导出面协调的向领导报告。在完成阶段性工作目标或工作节点时要向领导汇报进展情况，以便于领导掌握各方面情况，适时调整计划，协调调动资源，开展职责范围内的工作。

[工作要认真努力]

好多下属在领导在场的时候卖力工作，在领导不在的时候就懒散拖拉，应付差事。这种心理和工作态度非常要不得。

一个单位或公司，谁努力工作、认真负责，谁出工不出力、投机取巧，领导心里其实明镜似的。你认不认真、努不努力，从你的工作业绩，言行举止，甚至你的每个企划案、策划书等，都能够看出来。你写得再好，可经常出现错别字，怎么能说明你认真呢？

好多人不明白，努力工作，在为单位和公司付出的过程中，其实更多的是使自己得到了锻炼和成长。

[要善于提建议]

研究讨论是常规性的工作。方案征求意见或头脑风暴的时候，有些人总是怕得罪人，不敢提出不同的观点和意见，一味地说"好"。他们自认为皆大欢喜。可实际上，在领导眼中你可能就是个庸才。他们不是认为你无知提不出建议，就是认为你有才不提，对公司极度不负责任。

当然，提建议也不是口无遮拦、张嘴就来，也是有技巧的。但总的来说，只要出于公心，就自己职责范围内提出有可操作性的意见，都是领导乐意看到的。

[要提高工作能力]

没有任何一个领导喜欢平庸无能的下属。我们经常有这样的认识误区，我们会说有的人能力差但背景硬，领导不是照样拿他们没办法吗？

是，我承认，这些现象不同程度地存在于各行各业中。因为每个领导都有他的权力边界和为难之处，他可能不想要这个人，但上级硬压下来他能顶住吗？在领导眼里，为了本部门的业绩，他还是要倚重能力强的员工。

能力强弱怎么比？绩效考核？其实在领导眼里，很好比，两人放到一起高下就立分了。在一个单位里，谁的能力强，谁的能力弱，老板和员工心里其实都非常清楚。你能力不强，工作任务完成不了，工作、生活处理不好，痛苦不堪，你的机会怎么可能会多。

[不要抱怨加班]

我发现，现在好多年轻人，一听说加班就撂挑子。有的人认为下班后是自己的自由时间，给加班费也不干；有的人勉强加班，人在心不在，工作效率和质量比平常低了不少。

单位、公司面临的外部环境随时发生着变化，市场经济竞争日益激烈，d需要加班时，不要抱怨，调整好心情。既然无法改变，何不去欣然接受，做得更好？

我们在职场中要想取得成功，必须要学会换位思考。

{ 你关注什么 就会看到什么 }

有人在后台留言，说自己找不到工作的乐趣，感觉待了很久也没有得到提升。

太普通，太乏味，周而复始地过着每一天，难道真的就没有什么值得我们留意的么？

其实，你可以尝试着从下面三个角度去做一些观察，也许能找到你工作和生活的新的亮点。

[察觉世界]

我在三线城市的一个制造企业工作。

工业4.0和物联网智能制造的概念，前段时间传得火热，要不要去了解？当然要！

很多技术可能因为当下成本和环境等问题还用不上，但是不意味着你不需要知道。

我们是腾讯企业公众号第一批开发用户；

我们在用钉钉解决老板随时随地审批；

我们部门用Tower进行协同办公，任务分发……

对外面世界和科技保持敏感度，让我能够超前一小步去响应公司的发展需求。

我现在周末经常要在一线城市跑，会接触到一些系统和硬件软件的新信息。

这一点是跟我老板学习的，他满世界飞，经常会给我拍一些设备和场景，然后问我：小六，这玩意这么酷，咱们要不要上？

［察觉别人］

观察同事比自己优秀的地方，也能找到很多成长的机会。

在一次主管会议室，我看到仓库主管提交的月度报表做得很好，得到了老板连声称赞。

原来还可以这样将复杂的数据和流程巧妙地用图标呈现出来，这简直就是PPT经典案例呀！

于是我回头立马依葫芦画瓢，改进了自己的汇报报表。

察觉别人的优势，然后模仿。

市场总监有一次在会上抱怨同事对外客户发邮件毫无章法，我觉得她讲得这些案例非常适合用来宣导我部门的同事，就赶紧记下。然后搜集截图、案例，做出PPT，写成文章。

察觉别人的抱怨，然后提出自己的解决方案。

［察觉自己］

一旦你觉得痛苦，说明你还有提升的机会。

我刚从程序员提升到团队主管的时候，也焦头烂额：我要写代码，又要负责项目管理，团队沟通，对外汇报，还要做绩效，等等。

然后我的领导提醒我，你发现没，你在用勤奋来掩盖你的懒惰。

"你为什么不停下来，好好学习一下怎么带团队呢？"

工作这些年，我开始越来越多地留意自己的情绪状态：

当被其他部门指责非常愤怒的时候，我会问自己，是不是事情没做好，沟通也没有做到位？

如果是，那改进就好了；如果不是，不理就好了，反正自己心安理得。

当察觉到自己对一些项目没有底气时，赶紧停下来，看看风险控制有没有做好？

职场不需要意气用事，事情做好，时间刚好，关系有进步，才是我们最高追求。

[小结]

你关注什么就会看到什么。

从世界、他人和自己三个角度出发，对自己现有的工作和生活进行观察，你会看到很多原来你没有关注的东西。

你痛恨今天，是因为你在昨天舍不得改变。

敢于挑战和突破自我

{ 其实，你并不是 在为老板打工 }

我为公司干活，公司付我一份报酬，等价交换而已，我不欠谁的。

我只要对得起这份薪水就行了，多一点我都不干，做了也白做。

工作嘛，又不是为自己干，说得过去就行了，干吗那么认真。

这种"我不过是在为老板打工"的想法很普遍，在许多人眼里，工作只是一种简单的雇佣关系，做多做少，做好做坏，对自己意义不大，达到要求就行了。因此，工作的质量、标准都不高。

我们到底是在为谁工作呢？工作着的人都应该问问自己。如果不在年轻的时候弄清这个问题，不调整好自己的工作心态，那么我们很可能与成功无缘。

有这么一个故事，说的是有个叫杰克的人，他在一家贸易公司工作了一年，由于不满意自己的工作，他总是忿忿不平地对朋友说："我在公司里的工资是最低的，老板也不把我放在眼里，如果再这样下去，总有一天我要跟他拍桌子，然后辞职不干了"。

当时有些人听了一笑了之，但是，其中有一个朋友问了一句："你把现在这家贸易公司的业务都弄清楚了吗？弄懂了吗？"他老老实实地回答："还没有！"这时他朋友又说："君子报仇十年不晚！我建议你先静下心来，认认真真地工作，把他们的一切贸易技巧、商业文书和公司组织完全搞通，甚至包括如何书写合同等具体细节都弄懂了之后，再一走了之，这样做岂不是既出了气，又有许多收获吗？"

杰克听从了这位朋友的建议，一改往日工作的散漫习惯，开始认认真真地工作起来，甚至下班之后，还常常加班加点地留在办公室里研究商业文书的写法。一年之后，那位朋友偶然遇到他，就问："现在你大概都学会了，可以准备拍桌子不干了吧？"杰克说：可是，我发现近半年来，老板对我是刮目相看了，最近更是委以重任，不但升职、而且又加薪。说实话，不仅仅是老板，公司里的其他人都开始敬重我、羡慕我了！"

只有抱着"为自己工作"的心态，承认并接受"为他人工作的同时，也是在为自己工作"这个朴素的人生理念，才能心平气和的将手中的事情做好，也才能最终获得丰厚的物质报酬，赢得同事的尊重，实现自身的价值。

调整心态的方法：

1. 认清工作的意义。

从杰克的故事中我们可以意识到为他人工作的同时，也是在我自己工作。人生离不开工作，工作不仅能赚到养家糊口的薪水，同时，也能锻炼我们的意志，新的任务能开拓我们的才能，与同事的合作能培养我们的人格，与客户的交流能训练我们的品性。从某种意义上说，工作就是为了自己，而不是为了他人。

2. 把自己放空，抱着学习的态度。

在工作中，不管做任何事情，都应将心态回归于零：把自己放空，抱着学习的态度，将每一次的工作任务都视为一个新的开始，一段新的体验，一扇通往成功的机会之门。

3. 换个角度去思考，就会感到快乐。

有人在一个好的单位工作，但他每天也会有许多得不如意，苦恼总围绕在他的身边。有人工作单位一般，可他却不舍不弃，每天都有工作目标，把这个作为一种锻炼、成长的机会，而且通过创造性地完成本职工作，受到同事们的敬佩。关注微信"销售总监"学习更多销售技巧。这种阳光般的心态，火一样的热情，最终收获的是成功的硕果以及工作的快乐和幸福！

4. 学会欣赏工作中的每个瞬间。

我们必须要学会欣赏工作中的每个瞬间，要热爱生活，热爱本职工作，与同事和谐相处，相信未来一定会更美好。成功往往青睐那些自强不息、奋发向上的人！

5. 不能改变环境，就去适应环境和改变自己。

当我们不能改变环境时就必须去适应环境。不能改变别人时就改变自己，不能改变事情就改变对事情的态度。不能向上比较就向下比较。这就告诉我们，人不能去等，要学会适应。要随着时间、地点、环境的变化不断地去调整自己的心态。物竞天择，适者生存，我们只有不断去适应，不断去调整，才能有所建树、有所作为！

总之一句话：

无论是在工作还是生活当中，我们要学会忘记、谅解、宽容。别让你的不原谅给了别人持续伤害你的机会。更要学会感恩、欣赏和给予，这样你就会觉得你所作的一切都会是一种对他人的回报。工作是什么？工作就是学习、学习、再学习。学无止境，只要常常保持这种心态，你就会觉得天天快乐，幸福无比、受益无穷！

{ **想要一份稳定的工作，**
你得有能力才行 }

在找对象的时候，我们最常挂在嘴边的一句话就是：希望对方有份稳定的工作。因为稳定的工作可获得长期的报酬和福利以达到拥有稳定的生活、稳定的感情，稳定的家庭。

[1]

芊芊一毕业就很幸运地考入了国企，一个女孩子有一份稳定的工作是让人羡慕的。

芊芊在工作中灵活变通的能力差了些，处理上下级关系欠缺。她把工作中的问题带到了生活中，总是有满腹的抱怨。

时常羡慕着身边创业的朋友出国、旅游、购物，却又舍不得放下一份稳定的工作。生活过得苦闷，每天在焦虑中度过，面对生活中出现的问题总是措手不及。内心的躁动不安分让她不知道自己到底想要什么样的生活，以前以为有一份稳定的工作就能有安稳的生活，就有能力让生活稳定，可如今看来并不是。

真正的稳定不在于工作的性质，而在于心态的稳定。知道自己要什么，然后可以放弃什么。稳定的工作是让生活稳定的一部分，不是大部分，更不是全部。稳定是内心的安定。

[敢于挑战和突破自我]

[2]

许久不见的大林，如今竟和以往大不相同，多了一些成熟和历练。之前在国企上班的大林，每天朝九晚五，有着固定的收入，从不需要为自己的生活担心。一份稳定的工作为他能得到一份感情加分不少。

大林觉得，自己的稳定工作是得到稳定的感情的保障。可是他的每段感情都不长久，更别提稳定了。稳定的感情和稳定的工作并没有多大关系，但大林从来没有意识到。

没多久，大林赶上了下岗潮，他在裁员名单里。

大林那刻突然清醒，他没有消沉，火速开始创业，多方探索渠道，提升人际交往技巧，考察市场，全面提高自己。恰恰在他失业的时候，遇到了一份合适而稳定的感情。两人最终走入了婚姻的殿堂。

他问老婆：你不怕我创业失败而不稳定吗？你不觉得一份稳定的工作是稳定的感情和婚姻的保障吗？

他老婆回答他：感情本来就和工作没有太大关系，就像过得幸福不幸福，虽然和物质有一定关系，但物质从来不是决定性因素。

这时大林才真的懂得一份稳定的感情和工作无关。

[3]

无论相亲还是结识朋友，我们常会拿一份工作的稳定性来衡量这个人是否会稳定。一份稳定的工作固然好，但它并不能让生活中的一切都稳定。

让自己具备独立生活的能力，具备一技之长的资本，是需要无数个夜晚的静思，无数寂寞时光的历练而成的。

能力远比稳定的工作重要，我们追求一份稳定的工作，不如追求能力。

{ 少说多做，
让自己立于不败之地 }

"我突然觉得现在的年轻人好难啊。"正在自主创业的老同学发来私信感叹。

同学所在的公司正在招应届毕业生，按照现在的市场价，起薪3000元。"这是8年前我的起薪。现在3000块钱怎么活啊，北京的合租房至少也要1500元一间了吧？"

艰难、窘迫、无奈，相信这是现在不少年轻人初入职场时的切身感受。不仅仅是自身价值被低估的问题——寒窗苦读十几年，甚至无法换回一份可以养活自己的收入，内心的煎熬和痛苦可想而知。

同样是工作第一年，同样是3000元的收入，不同的人会有不同的应对方式：有的人只愿意拿出一部分能力和精力投入工作，以匹配自己眼下的收入，求得内心的平衡；而另一部分人则甘愿倾力付出却不计回报，拿着3000元的钱，操着3万元的心。

究竟哪种方式更好，见仁见智。但对一个职场新人来说，第一份工作除了是谋生手段之外，更是一个机会。在这里，你学习职业技能，积累人际资源，试着以共赢的姿态与人合作。

在一个人的职业生涯中，第一年的意义就像挖井。挖到1米深处，隐隐有水渗出，你当然可以就此打住，安享有限的劳动果实；但如果你能对自己狠狠心，耐住寂寞坚持下去，3米深处，很可能就是汩汩的甘泉。

[1]

家门口美发店里的洗头妹在她职业生涯的第一年便开始谋划未来——升级成为美发师。

上班的日子，她每天要从上午10点忙到夜里10点，回到集体宿舍就几乎累瘫掉，一觉醒来又是新一轮忙碌。20岁出头的女孩，爱玩爱美本是天性，所以当她那天说，每周一天的宝贵休息日被用来报班学习剪发时，我瞬间对这个小姑娘充满了敬佩。

洗头妹的工资并不高，平日里省吃俭用成了习惯，但花几千块钱在发型师培训课程上，她却豪爽得不得了。她对我说，现在的这份工作年轻时干干还行，但自己要为长远打算，学一门真正的手艺。趁现在年轻，辛苦一点不算什么。

160元的假发套，一周就要消耗掉一个，这是学费之外的开销，对洗头妹来说，压力不小。她尽可能把每一个假发套充分利用——从女士的长发剪到中长发，再剪到短发，接下来是男士发型，偏分、板寸，最后是光头。每天店里客人不多的时候，她就躲到后面，对着这玩意儿修修剪剪，然后再拉着发型师仔细讨教。

用假发练手总是不过瘾。洗头妹请示了老板，在附近的建筑工地贴出告示，每晚8点半，免费剪发。我每次晚上路过那门口，总会看到三三两两的人围在那，任由她打理头发。因为是免费，没人计较她的技术如何，就算是剪坏了，多半也不过是呵呵一笑，"反正过两天又长出来了"。

你能想象吧，当我逐渐从诸多细节中将这个故事拼凑完整的时候，我的心中充满了震撼和敬佩。也许洗头妹的生活对我们大多数人来说很遥远很陌生，但她在职业生涯第一年中所展现出来的勤奋、坚韧、远见和智慧，却值得我们学习借鉴。

我们往往会感叹"理性很丰满，现实太骨感"。扪心自问，多少人有洗头妹这样的勇气，敢对自己下如此的"狠手"——最大了限度地挖掘自身潜力，用实际行动逼着自己往前走，而不是坐在那里怨天尤人？

工作前几年，首先需要磨炼的是职业技能。从学校到职场，每个人的角色和定位都会发生巨大的改变。如何用最短的时间把书本上的理论、公式、概念、理想模型，转化成实打实的方法、经验、技术和业绩，如何在现实的种种不理想状态中找到最优方案，如何尽快察觉自己在哪些方面还达不到岗位要求，如何确立职业发展目标并一步步为之努力——所有这些，唯一的解决办法就是多做事，在一次次成功或者不成功的实践中，答案自会浮出水面。

[2]

在小雷工作的第一年，我就预感她会成为一名出色的销售。

之所以有这样的判断，原因只有一个：她愿意把时间和精力花在那些看似无用的助人活动上，心甘情愿，从不计较得失。

有一次打电话给小雷，她正带着一个巴基斯坦青年爬长城。"腿儿都遛细了。"电话里小雷的声音听上去有些疲倦，"这周还要去故宫、颐和园、天坛、十三陵……"

简直莫名其妙——不管是巴基斯坦青年还是逛北京这件事，都跟小雷的工作、生活扯不上半毛钱关系。

后来我才知道，一个小雷并不算太熟的朋友在某次聚会中说起烦心事：一个有恩于他的巴基斯坦哥们儿要来，人家一句中国话都不会说，他自己上班时间又不可能跑出去，只能四处求人帮忙陪同兼导游，但屡屡被各种理由推托掉。

饭桌上七八个人谁都不吱声，只有小雷傻乎乎地搭茬儿："你要是实在找不到人，我去吧。"

事后，那个朋友摆下大宴答谢小雷，其间几次提到"你们公司那产品……"小雷只是微笑，说："我帮忙是看你当时太为难，不是为了让你买我的东西。我们的产品你现在用不上，等你真正需要了，再找我吧。"

小雷给我讲这段往事的时候，神情笃定："当时有太多人不理解，大家都觉得我有病，多此一举。但我知道，他是认定我这个朋友了，等他真正有需要时，肯定会第一个找我来买的。我觉得销售就得这么做，而且这种客户会特别忠诚，还会把周围有需要的人都介绍给我。"

看到了吧，小雷的高明之处不仅仅在于通过一次"徒劳"的北京游换得了一份友情，更在于她并没有急着把自己的付出变现，而是静待它开花结果。

而这恰恰就是一个优秀销售人员所需要具备的品质。

有的人做事之前喜欢计算投入产出比，再根据收益率的多少决定做不做、做多少、怎么做。这当然无可厚非，但对新人来说，这种权衡并不是可取的职场立足之道。实际上，很多看似徒劳的事情，其中埋藏着巨大的机会，说不定在未来的哪一天，就会成为你职业发展道路上的一块跳板。

退一步说，就算自己的种种付出没有得到回报，年纪轻轻的，多做些事情又有什么大不了的呢？小雷的"狠"就来自这种心态。

[3]

小梅的职场生涯是从送一封信开始的。

刚去单位报到的时候，小梅并没有被安排具体工作，领导嘱咐她，先适应适应环境，多跟同事学习。可小梅放眼一看，同事们各自对着台电脑敲敲打打，忙得脚打后脑勺，谁都顾不上招呼她。

小梅抱了堆材料在一旁翻看，忽然听到两个同事在低声讨论什么送信的事，大致意思是说，有份重要文件需要送到同城的另一个地方，交给快递怕不安全，自己去又抽不出时间。

"要不，我去跑一趟？"小梅适时地搭茬儿。

燃眉之急就这样被轻松化解，同事怀着感激仔细地向小梅交代此行的任务和目的，告诉她见到对方该说什么、怎么说，并叮嘱"注意安全，早去早回"。

人和人之间的信任不会凭空而来，一定是在某些共同经历之后，彼此才会有那种"你办事我放心"的默契。这次本职工作之外的跑腿儿，让小梅迅速获得了团队成员的认同。而在职场上，信任这东西很奇妙，一旦建立起这种默契，我们就更容易把自己认为重要的事情交给对方完成，而积极的结果也会让我们更加确认自己对一个人的认同是正确的。

如果能在工作第一年就进入被信任的轨道，无疑是幸运的，也会为今后的职业发展打下一个良好的基础。而信任的前提是共事，共事的前提是做事，只有任劳任怨不计回报地多做事，才有可能获得同伴的认同，让那份幸运离自己更近一些。

这种"狠"，是过程之狠。

在进入职场的前几年里，不妨对自己狠一点儿——无论是关上门苦心修炼职业技能，还是从一次次无效劳动中寻找机会，或者通过每一次合作在团队中找到属于自己的位置，所有这些可以归结为一句话：少说多做。而这，始终是让自己立于不败之地的关键。

{ 把自己放在
合适的位置上 }

十年前，有一段时间我没上班，亲戚请我给他的服装专卖店管管账。十多个人的小店，聘一个专业会计成本太高，可那些店员处理账目确实费劲，来往账乱得一塌糊涂。

我正嫌在家带孩子闷，就把女儿交给妈妈，去亲戚店里帮忙了。

服装店卖的是两个运动装品牌，一周内保退换，账目主要乱在这里。我只负责一笔笔记账，钱货清楚就行，工作量不大，更多时间在看店里看真实的情景剧。

店长是个三十多岁的女人，看到她第一眼，我就想起贾宝玉说的那句：女人一旦嫁了人就变成一双死鱼眼。

但是，她比贾府那些管事的女人厉害得多，只要没有顾客在，就能听到她大声训人。

因为我是老板的亲戚，还能偶尔荣幸地看到她一点笑容，至于那些店员们，就看造化了。

店员的文化程度普遍不高，据说之前也有过几个学历高一些的，都因受不了店长的训斥，辞职了。

别说，还真有一个高学历的店员，是刚毕业的本科生。一时间没有找到合适的工作，继母逼着她挣钱，就进了这家店。

大学生学的是新闻专业，我见过她写的东西，文笔很赞，可惜在这里没有用处。

她比别的店员要沉静，时常处于一种发呆的状态，接待顾客也表现得不那么机灵，显得与那个环境很不搭。

这个女孩是店长训导的重点对象，偏偏她又不辩解，只低头听着。如此一来，那些店员天天打小报告给店长，说那女孩的各种不是，也无非是给店长找一个显示权威的对象，让自己少挨骂。

有人的地方就有江湖，而江湖险恶，在饭碗易丢的地方更显得突出。

好几次，几个店员在我旁边不屑地嘀咕："哼，大学生就这德行，像个傻子似的！" 我算不上正式员工，更像个看客。

这些人的表现我都一一看在眼里，抓尖，讨好，撒谎，落井下石，说别人是非——除了那个大学生。

她更多的表现是沉默，也许是在思考。不久，那个女孩辞职了。

一天，一个店员高声尖叫，我以为她触了电，赶紧跑过去看。

原来是那个大学生出现在电视屏幕里，正在一个现场做专题报道。她神采飞扬的模样，和之前在店里的形象简直判若两人。我看了看旁边的字幕，写着"某某记者"字样，果然是她，不过又太不像她。

那一刻，她身上仿佛笼罩着一层光芒，整个人都熠熠生辉。店长也凑过来看，她铁青着脸，鼻子里发出重重地"哼"声："老天真是不长眼，这种笨蛋也当记者！"我默默翻了无数个白眼："燕雀安知鸿鹄之志！"

两个月后，我离开了亲戚的专卖店。偶尔和那里的店员在QQ上聊天，说得最多的就是那位店长。

从店里辞职的人，如果在外面混好了，消息传来，她表现得总是很气愤，像一记耳光打在脸上一般。我听着有种说不出的感觉。

朋友L是注册会计师，在珠海一家大公司上班。一个博览会上，他偶遇一位房地产老板。这位老板不知从哪打听到L的财务专业厉害，于是千方百计把L挖到自己的公司做财务总监。

其实，那位老板是有目的的，他是想让L在账目上做手脚。而L恪守职业操守，只按原则做事。慢慢地，二人的关系就像离开火炉的水——越来越冷。

L最终提出辞职，老板痛快签字，临别露出一脸不屑："你也不怎么样嘛！"L冷冷地留下一句话："橘生南方为橘，橘生北方为枳。"

看过一位作家写的一篇文章，述说自己曾经在小城找工作的种种窘境。她从一位伯伯家（她父亲的朋友）出来，如丧家之犬，失魂落魄，心里结了冰，不知道应该去哪里。

后来，她去了省城。用她的话说，就像随手抽中的一根签，上面却写着"上上大吉"，生活顺风顺水。当编辑，结婚，买房，生子，人际关系简单到可以忽略，那里似乎是为她量身定做的一座城市。

其实，哪里有什么上上签，不过是对的人放到了对的环境中而已。

可现实中，更多的人是一直待在一个不适合的环境中，哪怕是步步艰难，过着身心俱疲、暗无天日的日子，也不愿离开熟悉的地方。

正如张爱玲所说，像是在长凳上睡觉，抱怨着抱怨着也就睡着了。而肉体是每个人的神殿，不管在那里供奉什么，它都应该更美丽更灿烂。

把自己放在最合适的地方，让身心愉悦，闪烁光芒，才是对自己做的最大功德。

{ 为何你如此努力却
得不到领导的赏识 }

[1]

跟一个姑娘聊天，姑娘将话题扯到了她的工作上，继而骂起了领导：

天天让我们加班，可又不给加班费，简直就是周扒皮附体了。可人家老周至少表面对自己的"员工"还算客气，他呢，看到我们都不会笑，就好像谁给他戴了绿帽子似的……

姑娘骂痛快了，最后说，你说我都给他卖了两年命了，现在要经验有经验，要业绩有业绩，可他从来就不提拔我，这还算人吗？

我笑了，我说，是有点气人，你这么讨厌他，背后肯定也没少跟别人骂他吧？

姑娘也笑了，遇到这样一个有眼无珠的领导，我不骂他骂谁？我回家骂他，去公司还骂他，不过都是跟那些要好的并且同样看不惯他的同事骂，不会让他知道。

我想我知道姑娘为什么得不到重用了。她想有上升的空间，却只看到了自己的努力跟成绩，却从没意识到自身的小病症。这太要命了。

在公司跟同事骂领导是大忌，有可能传到领导耳朵里。你于工作中，无论多拼命，无论做出了多少成绩，被提拔的机会肯定不多。

但事情的严重性更在于，有很多人像那姑娘一样，自身有问题，却还不自知。工作得不到肯定，便以为是领导有眼无珠，从不肯静下来从自身找原因。

[2]

　　我跟张天是多年的好友。张天在一家合资企业上班，工作认真刻苦，能力也强，可工作了好几年，始终是部门副手。

　　张天跟我抱怨说，那些比他进公司晚，能力也明显不如他的人，反而升得很快，他部门现在的主管还是他带出来的，而他双脚就像牢牢地焊地上了，看领导那意思，似乎不打算让他挪窝了。

　　张天愁眉苦脸地说：太郁闷了，你说这怎么回事啊？

　　我也替我的兄弟郁闷。我说，你好好想想，你平时有没有欺负、排挤同事？或者做过损害公司利益的事？

　　还真有。张天想了半天，说两年前的中秋节，公司给员工发福利，领导让他去采办，他小舅子忽然找上门来，说手里正好有一批食用油……

　　张天说：说实话，我完全是为了帮小舅子的忙，当时一分钱的回扣都没拿。而且怕公司误会我假公济私。这事一直瞒得很紧，领导应该不知道。

　　如果领导不知道，那他兢兢业业工作这么多年，能力卓绝，业绩出众，为什么最后升为部门一把手的，是他的后辈，而不是他？据张天说，那后辈在公司也并没什么背景。

　　他以为领导不知道，其实领导是知道的，他越怕领导误会，而领导偏偏就误会了，所以，又怎么会将过多的权力，交到一个"假公济私"的人的手里？

　　张天在领导眼里早成了一个"小人"，却还不自知，因此，他工作即便再刻苦，也难有升职的机会，除非打破领导对他既有的坏印象，但这很难。

倒不如另谋出路，重塑形象。

[3]

有时我们就像新中国成立前地主家雇佣的长工，头上戴着一顶破草帽，站在炎炎烈日下，锄禾日当午，汗滴禾下土。虽然辛苦，但看着自己动作比别的长工娴熟，锄的面积也大，我们不禁洋洋得意，便想着地主老财这下该赏咱个工头当当了吧。

不赏工头？赏几块现大洋也行。

可左等右等也不见地主老财过来，这下我们懵了，怎么？老家伙老眼昏花，看不到出色的业绩？

其实我们的业绩，对方是看得到的，他之所以不过来奖赏，是因为同时也看到了一些我们自己平时不太在意的小病症。

比如妒忌、排挤同事，比如爱占小便宜，更甚至像张天那样，仅仅因为一次的失误，便在领导心里定了型……

在领导看来，这些都是不堪重用的缺陷。

这些缺陷我们自己往往没意识到，但他知道。

[4]

有人说，最有智慧才德的领导，能够善用每一种人。

试问，有几人敢去重用一个德行有问题的人？谁知道到时带来的是利益，还是灾难？

你的才华，足以让对方忽略你身上的瑕疵吗？

身在职场，言行要慎之，别因为一些日常的小"病症"，成了领导眼里难当大任的人。

话再说回来，如果你兢兢业业，拼死拼活，又具备一定的能力，却还依旧得不到赏识，别急着骂领导，不如在自身找原因。

{ 你要懂得 迎难而上 }

毋庸置疑，这是个互联网时代，它让人沮丧，也让人亢奋。很多行业在这场潮流中受到前所未有的冲击与涤荡。除了迎难而上，我们还有别的选择吗？

又是一轮就业季，很多老学员踏上了漫漫求职路，而我又迎来了新一届学员。

当我问起新学员他们为何要来学会计时，不少人给我的回答是，女孩子嘛，图个稳定，不求大富大贵，只求衣食无忧过一生。

是啊，找一份稳定不累的工作，是多少父母对于子女尤其是女孩的期望啊。

我想起自己刚去第一家公司上班的时候，财务部里有往来会计、材料会计、产成品会计、总账会计等，每天办公室里十几个人在一起工作，好不热闹。

不到一年的时间，公司领导在财务部全面推行一款功能强大的财务软件。经过培训后，一些会计很快上手，而一些会计则有些吃力，于是领导就劝退了那些跟不上节奏的会计，慢慢地，财务部也就剩下了五六名会计人员并进行了重新分工，因为财务软件带来的便利，原本可能两三个人才能完成的账务，现在只要一个人就可以了。

后来的我跳槽去了另一家公司做了主办会计，再后来的故事就显得有些伤感了，那家公司效益下滑，被另一家大公司收购，好些老员工不得不踏上二次择业的路。

那次我受邀出席师傅的结婚典礼，遇见了当年在第一家公司混得风生水起的Y，记得那天Y喝了很多，他说，那些年他夹着尾巴做人说尽了好话打点了各种人情，眼瞅着提拔在望了，谁想到一场收购将之前的如意算盘全部打乱了。

Y说他的心愿很简单，眼看着自己奔四了，学历也不高，他就想爬到副科长的职位，然后稳稳地在原来的单位上班下班到退休。

在那次婚宴上，Y感慨地说自己真是生错了时代，比他早生十几年的领导都妥妥地退了休，住在单位分的福利房里，过着上午遛鸟晚上遛狗的悠闲生活。

这样的时光，恐怕早已一去不复返了。

在会计这个行业里所谓的稳定，多半是针对做到中高层以上的财务人员而言的，他们可以凭借丰富的经验及娴熟的专业技能吃饭，而对于大多数基层财务人员来说，并不容易。

如果你在大公司，一个萝卜一个坑，你可能很多年都只是和一种业务打交道的核算会计，长年累月，你只能接触到某一块的业务，面对每天堆积如山的单据，你能按时处理完毕就已经很难了，忙的时候你连喝水的工夫都没有。想要晋升简直难比登天。你会感觉每天都在做着重复的工作却很难成长，你会变得焦躁不安。

如果你在小公司，做得好，可能事无巨细都要你来打点，老板的公事私事都要你做，你会疲于应付琐事，天天忙。如果自控力不强，忽视专业知识和能力的提升，长此以往，可能浑身会上下散发油滑之气，做事喜欢贪图捷径，再也没有当年的勤奋刻苦了。

除非一个人有明确的职业目标并且愿意一步一个脚印去达成，在专业领域独当一面，具备一般人很难企及的技能，加上自身学习能力强，不断地更新与提升自己的专业知识，才不至于惨遭社会淘汰。

每一代人都有每一代人的烦恼。你是在糊弄，还是认真对待这份职业，任何年纪，任何专业都一样，时间会给出最好的回答。

这个世界没有什么捷径可走，也没有一劳永逸的安稳，吃苦以及下笨功夫死磕自己，不论过去、现在及未来都适用。

其实你仔细观察不难发现，每个职业人都面临极大的压力与挑战，每个人活得都不轻松。

比如曾经让人羡慕的银行工作人员。

这几年由于支付宝、微信等在线支付及存储平台的冲击，银行已到了"全员拉业务"的危急关头。

我认识一个朋友，6年前在银行后台做会计，4年前面对银行业务萎缩的严峻局面，大量的后台人员要冲向前线，于是他也就随之转岗，成为一名业务员。

那一天我们吃饭的时候，他不无焦虑地说，如今的他处于35岁这个尴尬的年龄，跟"90后"拼精力已经拼不过了，跟50多岁的人拼退休显然还太年轻了，卡在上不上下不下的阶段。他发现自己除了银行业务之外，当年学的企业财务知识早已忘得一干二净了，如果哪一天这个饭碗再也端不稳了，自己又该何去何从？

和他同样焦虑的还有在地税局上班的K。

"营改增"之后，地税局的业务量也渐渐少了。K如今也是三十出头的年纪，当年自己孤注一掷奋力一搏终于考上了地税局，一度成为家族的骄傲，父母觉得这下好了，孩子一辈子总算能稳稳地到退休了；可谁想到政策说变就变，如今他很惶恐，也很困惑，就算现在转型，自己又能往哪里去呢？

有人说，互联网给了我们一个均等的机会，大数据让世界变"平"，淘汰机制也非常残忍，因为残忍，才更激发人的潜能。

我昨晚回家的时候，用滴滴软件叫了出租车，路上聊天得知，司机以前是刑警队的，受不了稳定工作，辞职出来开起了出租。

他说起互联网的时候，是满满的感激。

自从安装了滴滴软件，他有了更多的选择与自由，同时他自己也摸索出一些实用的接单经验，知道哪个时间段大致在哪个地点能密集接单，而接单少的时间段则回去休息陪陪家人。这些年跑下来，他告诉我们，比起以前的工作，如今的他感受到了更多的自由，同时收入比以前翻了好几倍。

记得下车前那位司机师傅说，树挪死人挪活，个人再强大，也无法与社会发展大趋势抗衡。与其苦苦死守抑郁不得志，倒不如想开些，顺应潮流闯出一条自己的路来。

我想起了自己认识的几个自媒体人。

有一个美女姐姐，她放弃了当年稳定的工作，如今将自媒体做得风生水起，终于可以给母亲打钱让她花；还有一个刚毕业的女孩，公众号也做得颇具规模，她曾经咨询过一位职场前辈要不要去一家大公司上班，前辈一开始建议她去，可后来想了想，赶紧告诉她还是要坚持自己的想法。

你所做的每一个选择，其实牙一咬眼一闭挺过去，再往前走就可能会越来越好。

因为，除了迎难而上，我们还能有别的选择吗？

{ 把目标和成就感作为标准，
你会在职场上一帆风顺 }

　　为什么永远不要凭"喜欢"去挑选工作？见过太多这样的例子。

　　许多刚毕业的年轻人，义无反顾一头扑进自己向往的工作，以为终于能够实现把工作和生活融合为一的理想。一开始还好，觉得一切都是新的，兴致勃勃；过不了三个月，热情开始消退；半年，开始遇到瓶颈。整天埋头于各种烦琐、零碎的事务中，曾经的喜爱早已荡然无存，只剩下日复一日的细节打磨、机械化劳作和加班。想要离开却又难以割舍，于是陷入自我怀疑之中。

　　我们经常听到这样的话：

　　现在的业绩平淡无奇，是因为我不喜欢这份工作，要是能够做自己喜欢的事情该多好，一定能有所成就。

　　很可惜，大多数时候，这只是一种自己都没意识到的借口罢了。

　　当我们说"喜欢"的时候，我们在谈论什么呢？很多时候，这只是一种"看起来很美"的错觉而已。

　　我们被某种表面的特质所吸引——比如轻松的办公室氛围，光彩照人的职业形象，出入高端酒会和场所，与众多名流明星往来……稍微好一点的，则会把它跟自己的某些追求相结合。比如，做广告能够发挥自己的创意，做出真正有趣的东西；做互联网能够跟一群很酷的人在一起工作，影响数百万的用户……诸如此类。

　　很多人口中的"喜欢"，就是这么来的。

但是，只要你没有真正接触一个行业，真正去了解它的日常状况，你对它的"喜欢"就谈不上真的喜欢。

　　你所感兴趣的，或许只是它展露在外那1%的光鲜，但是，你要承受的，可能是那99%的烦琐、压力、加班……更别说，你对它的认识未必正确，很有可能进去了，才发现它跟你所想象的完全不同。

　　记住：工作本身，永远是不可能"有趣"的。如果你抱着"因为我喜欢它，所以无论它多困难、多无聊，我一定都会觉得很有趣"的心态，是会撞上南墙的。

　　不少人跟我说过，喜欢公关，想做公关，但发现进去之后，每天的工作就是做微博微信、写稿、搜集资料、整理数据、写报告、写PPT……甚至连约会和休闲的时间都没有，很困惑。但是，公关的日常工作本来就是这样的呀。

　　宽松的工作氛围，活泼的同事，零压力的环境，大展身手的空间，自由发挥创意的机会……这些是你美好的想象。你的工作时间被无限制地拉长，扁平化和宽松的氛围被收紧，所有人都在KPI的重负之下战战兢兢——这才是较常见的情况。

　　可能有人会说：我才没有这么肤浅，我是真的热爱。

　　那么，不妨问自己三个问题：

　　你愿意牺牲所有的个人时间为工作付出吗？

　　你愿意承受超负荷的工作吗？

　　就算不给钱，你是否仍然愿意做这份工作？

　　如果以上的答案都是"是"，那你才可以谈"热爱"。但是，有多少标榜"喜欢"的人，能做到这一点呢？

　　我们所喜欢的事物，一旦成了任务，就会被套上太多的束缚、牵扯、羁绊，变得不自由。一个喜欢阅读的人，让他每天阅读10万字，并且无法自己选择；一个喜欢写作的人，让他每天输写5000字，并且给他规定方向、选题——久而久之，一定会变成另一种折磨。

非常简单的道理：长时间从事自己喜欢的活动，身体的耐受能力和阈值就会慢慢提高，你从这项活动里面获得的乐趣也就逐步降低，可能会完全感受不到快乐。

说回正题。那么，对大多数人来说，应该如何挑选一份工作？

答案也非常简单：根据你的目标和你最擅长的技能去挑选。

目标是一切的前提。你的一切行动，都应该是基于一个长远目标的——也就是"我想成为一个什么样的人"。

围绕着这个目标，在一步步前进的过程中，你一定会牺牲很多"喜欢"的东西，遇到很多"不喜欢"却必须去做的事。但是，只要对长远的目标有利，就是值得的。也只有紧扣这个长远的目标，你才能有足够的动力去找寻到最合适的路径。

另一点是"擅长"。

"喜欢"跟"擅长"，很多时候并没有什么关系。我见过特别喜欢文案但是对文字实在毫无敏感度的；见过特别喜欢篮球但是身体素质实在不行的；见过特别喜欢数学但是理解起来就是比别人慢半拍的；见过喜欢摄影但是毫无艺术细胞的。

有一种说法："只要你足够坚持，没有什么事情是做不了的。"然而，在自己不擅长或者不适合的方向上走得太远，是对自己的能力以及其他方面天赋的一种最大的浪费。

为什么很多人对工作保持热情？不仅仅因为他们喜欢自己的工作，更因为，他们在工作中，不断地实现自己的阶段目标，不断地积累着成就感。

你只有在最擅长的领域，才会更容易突破自己、做出成绩、积累成就感。

大的目标之下，可以有许多小的分解目标；攻克这些分解目标，会得到激励；而选择擅长的路径，更容易攻克这些目标。

把喜欢作为标准，你得到的是欢愉。而把目标和成就感作为标准，你得到的，将会更多。

{ 敢于突破 }
你的职场瓶颈期

人生总有那么几处瓶颈，需要你意识到它并努力突破它。

［ 静下心来想想未来 ］

人物：钟小姐。

身份类型：杂志编辑，在职研究生。

选择在职进修，是工作后的第三年，那时候正碰上工作的瓶颈期：我在一家行业杂志上班，经常要做一些跟企业有关的专题。我渐渐感觉工作吃力，策划专题能抓到热点但看不到背后的故事，写的文章尽管细腻但缺乏打动人的力量。

选专业的时候，我选了传播学，偏向于广告方向，主要是考虑到将来转行，工作的选择面会宽一点。担心自己坚持不下去，我拉上了男友，他选了自己感兴趣的专业。

我的担心不是多余的，在职进修最需要的就是坚持。周六、周日两天的课，对于职场人来说确实很累，稍微有一点借口，就很难坚持下去。我们班有52个人，常来上课的不到20个人。

不过，一开始抱着学知识的想法去进修，最后我感觉收获更大的却并非理论上的提升，而是学会用正确的方法去主动思考。老师给在职的学生上课相对宽松，不会点名，对于理论知识也讲得浅，但很多时候是以课堂讨论的形式上课，如果不主动思考，很可能站起来讲不出话。所以，我会花比较多的时间去查资料，逼迫自己主动学习和思考。另外，与同学即同行的交流，也帮助我了解到很多行业内的情况，并积累了人脉。

很多人说，在职读研就是混文凭。我认为在职读研也需要付出很多，包括时间、精力，还有金钱。在这个过程中，人会受到一些潜移默化的影响。至少，在每个周末由职场人变为学生的时候，我才会静下心来想想自己的未来怎么走。

[始终向前，才能提升自己]

人物：宁先生。

身份类型：学校技术人员，成人教育大专及本科。

18岁高中毕业后，我就从湖南老家来广州工作。随着工作和生活逐渐安定，重新读书的念头也慢慢冒了出来，觉得应该多学点东西，让自己有一技之长，不然工作上总是没有进步，很难提升自己的层次。

于是，我到一个培训班学机电方面的技术，一边工作一边读书、考证，拿到了高级技工文凭。但我觉得还不够，又到一所农业工程学院报读了大专班，学习时间为周一至周五晚，还有周末的白天。这样一来，除了工作就是学习，时间被安排得满满的，确实很辛苦。但幸运的是，我的领导很认可我继续学习的想法，给了不少建议。一年前，我完成了大专课程，又开始了本科学习。

我觉得，学习为的不是获取待遇，而是实现个人的增值，更重要的是拥有一种积极向上的心态——始终向前看，才能活得更好。和提高工资待遇相比，这给我带来了更深层次的影响。如今，亲戚朋友知道我一边工作一边读书，都很佩服我的做法。而同事、朋友看到我这么做，也纷纷行动起来跟着走这条路。

［掀开人生新篇章］

人物：张先生。

身份类型：外企销售经理，全日制MBA。

大学本科毕业，并没有给我带来光环。用现在的话说，我就是一个草根，住在充斥着汗味和鞋臭味的集体宿舍，吃着盒饭，天天在深圳的大街小巷穿梭，做着最底层的销售。那不是辛苦所能描述的，失落、迷惘、痛苦织成一张大网，将我紧紧捆缚。我不知道自己的方向在哪儿，是继续这样碌碌无为，还是做一些改变？当一个毕业8年的老同事出现在我面前，并且他做的工作和我没什么两样时，我的心受到震撼。"

创业吗？没钱！跳槽到更好的公司？以现有的资历很难！怎么办？只有重回校园，考最难的全日制MBA。我辞掉了深圳的工作，回到广州和爸妈住在一起。在他们怀疑的眼光里，我给自己制订了一套系统的备考计划，并报名参加了考前培训课，每天早出晚归。为了保持学习状态，我骑自行车到附近的大学教室学习。可能是我以往缺的就是勤奋吧，难得认真一次，竟然就被我考上了。

得知这个消息，我高兴得难以自抑。那一年，全日制MBA的录取率只有25%，而我不但通过了，分数还相当高，这充分证明了我的实力。也是从那时起，我的人生掀开了新篇章。在随后两年的学习里，我如饥似渴地汲取着新知识：财务、人力资源、市场营销、哲学等，丰富多样的课程令我的知识面迅速扩大，也让我的自信心成倍增长。

这样的自信，让我在毕业后选择工作时获益匪浅。那些以前我看都不敢看的外企职位，变得触手可及。我轻松拿到了很多面试机会，并最终如愿进入了一家世界500强的美资企业。现在，我的职业发展十分顺利，已升至中层管理职位。而这样一条广阔的人生大道，起点正在于MBA的那段学习，有了它，那道原来反锁的门就此敞开。

{ 拼不过背景， 难道不想拼拼实力吗 }

［1］

和好友浩子一起漫步在城市的街头，暮秋之夜，有些微寒。不灭的灯光闪闪烁烁，尽情地折射出这座城市的繁华。鳞波漾漾的江水从黑暗的一头流向未知的另一头，无法猜测它的结局，不过，所幸我们目之所及处光亮如昼。

浩子将房子买在了江边，几乎是这座城市最贵的地段。清晨启窗远眺，江面如镜，碧空如洗，暖暖的阳光射入，一天的美好心情就此开始。

逛得累了，便往回走，行至小区附近，有巨幅的地产广告被金黄的射灯照得十分显眼。广告语写道："没有地段，谈什么身段。"我笑着调侃浩子："你把房买在这里，是为了身段吧？"浩子哈哈一笑："必须的，这年头不装一点，对不住众生啊。"

我们从后门进入浩子所在的小区，走在用鹅卵石铺就的弯弯小路上，深秋的桂花已经格外馥郁。

浩子突然一本正经地对我说："买在这儿呢，一来，离公司近；二来，我有这个经济能力。最重要的，我从小在河边长大，所以现在也想住在河边。"

我有些惊讶地回头看了看他，他脸上的诚恳让人有些忍俊不禁。

[2]

浩子是六年前来到这座城市的，如同所有想要出来闯荡世界的年轻小子一样，他必定要经历一个撞得鼻青脸肿的时代。那是修行，也是我们不一味臣服于这个世界所得到的证明。

浩子刚来这座城市的时候，只带了一个破旧的行李箱，舍不得去住一两百块钱一晚的宾馆，只得和一群来这儿寻找梦想的年轻人挤一间不大的民宿。

他学贸易出身，想找个与专业对口的公司，便到处投递简历，面试一轮又一轮，可他的学历让他头疼不已。他与名牌大学无缘，他只是一所二流学校的二流专业的毕业生。无论他在简历上填写获得过多少奖学金，也无法轻易地叩开知名企业的大门。

白天到处寻找机会，晚上就看书，夯实各种业务操作技能。渴了就喝白水，饿了就吃泡面和馒头。有时候，临睡前，看着被水渍浸得发霉的天花板，会想起母亲曾跟他说过："娃，你就别去外面受苦啦，就在家这边找个工作过个安稳日子就好了。咱一辈子生活在这个穷地方，比不过那些城里人的。"

如果说，他在那些日子里丝毫没有灰心过，不太现实。只是失望几秒钟后，就带着对未来生活的期望沉沉睡下。一觉醒来，朝霞满天，顿时又对生活和工作充满了无限热忱。

最后，他在一家企业找到了最普通的业务员工作，工资不高，工作任务却不轻松，加班成了他生活的常态。

有一个老员工曾问他，公司就给这么点钱，有必要这么玩命吗？浩子不愿意解释，只是笑呵呵地回答："反正我没女朋友，也没什么爱好，不加班没啥事干，还不如留在公司做点事呢。"

慢慢地，有些员工变得不太喜欢跟浩子玩，觉得他心机重，一心图表现。可浩子却一如既往，该怎样就怎样。

浩子曾对我说，他从来就不信奉给多少钱就办多少事的原则，毕竟在一个岗位上得过且过几年，看似报复了老板，其实报复的全是自己本应更好的人生。因为平庸懒散地待在舒适区内的人，永远不会有进步的空间。

浩子晋升得挺快，很快成了业务主管，继而到部门负责人。他要融进这座城市，让他母亲知道，出生之地从来不能决定一个人在未来的社会地位，所有安于现状的说辞说到底都是对自己人生的不负责任。

浩子在那个公司干了五年，虽然薪水不低，但最后还是辞职了。之后在一家很好的外企谋到了一个职位，一切又从零开始，一切重新奋斗。

如今又过去一年，这一年里我与他联系得少了，但我仿佛能看到，夜阑人静，连路灯都快要休息的时候，他将西服搭在肩上，拖着疲惫的身体走回那个休憩灵魂的地方。他的面容有些疲态，但他的眼神比谁都要清澈，清澈得可以看到所有的希望。

[3]

木头大学毕业后，想进银行工作，为此不知做了多少准备，终于过关斩将杀进最后一轮测试。分析下形势，木头的自身条件在入围者中属于佼佼者。

只是几天之后，她被通知落选。至于原因，是当时一个参与招聘的人很久之后跟她说起的，选上的几位都打好了招呼。

木头说，知道消息的那一刻，她确实气愤了一霎。不过也仅仅只是一霎，她便清楚地意识到，背景有用，但是自己并没有，先天不足，就只能靠后天来弥补。如果把所有的不如意都归结于背景不深、家庭条件不好，那无疑是自欺欺人。

后来，木头还是进了另一家银行工作。为了更好地发展业务，木头从内到外将自己认真地改造了一番。研究沟通之道，练习谈话术，更加精研自己的专业知识，是她业余时间必做的几件事。木头还报名参加了一个塑造良好职场女性形象的课程。因为她知道，投资什么，都不如投资自己来得靠谱，来得有底气。

慢慢地，木头的客户越来越多，业务量也急剧攀升，提成自然水涨船高。

木头曾跟我自嘲，说："我这个外貌放在人群中一竿子打翻一片，我将自己收拾得人模狗样，完全是因为以最好的形象面对客户是对他们最基本的尊重。有些人只看到我的妆容，却看不到多少个夜晚我猛喝着咖啡，只为提高自己业务能力而埋头苦读那些最难啃的资料的场景。"

银行向来是竞争压力很大的行业，可如今的木头在她们单位简直是明星似的人物。出身于普通小镇的普通家庭，祖上三代没有达官显贵，亲戚朋友都无法给她带来业务帮助，但是木头的业绩始终位居前列。

她不是那种完成了任务量便拍手大吉的人，她说她要掌管工作，而绝不能被工作奴役。她要的不只是薪水的看涨，还有自己真真实实地"进化"。

她那颗向上开花的心似乎从来没有开败过。她清楚地知道，只有自己努力取得了成就，才能让那些唯背景论的人通通闭上他们那充满负能量的嘴。

[4]

我没有绝佳的地段，但我有绝佳的身段；我没有闪亮的背景，但我有闪亮的背影；我选择不了自己的出身，但我能选择以何种方式出彩；我从不惧怕来自任何人的成见，我只要他们看到我的成功。

宿命不该成为堕入平庸的挡箭牌，奋斗才是一切美好的原动力。但愿我们都能有朝一日，鲜衣怒马，春风得意，让宿命也为这些来之不易的荣耀喜极而泣。

{ 如果你不妥协，
就没有什么能够阻挡你 }

好友东东去了新公司。

我问她感觉如何？

她说："很忙，稍微松懈一点工作就完不成，不过这样也好，刚好锻炼一下。"

字里行间都是痛并快乐着的情绪，一副为难自己还特别嗨的畅快相。

东东有两个孩子，大妞四岁，二宝一岁半。

她也曾是叱咤职场的"白骨精"，在经历升职还是生子的痛苦抉择后，一头扎进了全职妈妈的队伍。

带孩子并不是一件容易的事，孩子的出生让东东感到温暖，日子却比以前紧张了。

她每天围着孩子打转，在时光里跌跌撞撞学着当妈，好不容易哄睡精力旺盛的宝贝，转身想跟爱人说说话的时候，才发现身边人早已鼾声如雷。

家里添了二宝，也换了新房，看上去几乎趋向完美，只是生活却偏离了最初的模样。

老公在言行举止上若有似无的优越感，婆婆事无巨细都要管的霸道，东东很想回避，想把它们塞进时光的黑洞里，尽量不去想不去看，以防御的姿态把生活中的负能量全部屏蔽。直到无意间发现老公聊天记录里的暧昧表情，她才惊醒。

东东看着自己一手建立的爱情大厦，像豆腐渣工程般倒塌得稀里哗啦，不是没有当面对质的愤怒，甚至想立刻扬长而去，但是她也明白，婚姻生活里换个人未必会变好，为自己的心灵和头脑招兵买马才是最安全有效的。

一个女人如果选择不妥协，没有什么力量能够阻挡她。

重新开始的滋味当然不好受，更糟的是累加效应的重锤，它会使得你对自身的价值体系产生怀疑。东东在两个月里投了许多份简历，几场面试结果也并不理想，几乎心灰意冷的时候，一家物流公司抛出了橄榄枝。东东去了这家公司做内刊编辑，她很珍惜这份工作，做了许多尝试，也策划了几期颇受好评的专题。但公司的管理制度太松散，很多人在工作中缺乏积极性，做事敷衍散漫，东东觉得这种环境不利于自己成长，所以在公司待到第五个月的时候，她选择了辞职离开。

去人事部递交辞呈的时候，HR经理找到东东谈话，言语婉转，表达明确：大龄的已婚妇女要同时兼顾家庭和事业，就该找份清闲的工作度日，比如现在的职位。

东东礼貌拒绝的同时，在心底想：现在不抓紧时间自己增值，难道我还要坐等着贬值吗？

婚姻也许是一个女人的必修课程，却绝对不是唯一的核心课程。人生这所学校提供了琳琅满目的基础课，我们从中选出几门作为必修课，在漫长的时光中慢慢摸索，享受被爱被认可，也学会去爱去包容，学会当父母也学着当子女。在生活的细枝末节里，我们对自己身处的世界不断探索和理解，能够知道自己所学再多，如果失去独立性，精神就会不自由。

不怜悯自己的悲伤，才不会伤害活下去的兴致。

在徐志摩感情世界里被遗弃的发妻张幼仪没有怜悯自己，而是自给自足，亲身实践了耕耘与收获。在离婚产子后，张幼仪考入柏林裴斯塔洛齐学院。学成归国后，她在上海东吴大学任德语老师的同时，开办了自己的时装公司，专门在旗袍款式及细节之处做文章，一时受到全国名媛闺秀的热捧。时装公司开办不久，张幼仪又出任了上海女子商业银行副总裁，银行在她的努力经营下很快扭亏为盈，占据了一席之地。

张幼仪在失去婚姻之后，选择为自己打开了一扇窗口。

她在自述中有这样一段话，她说："你总是问我，爱不爱徐志摩。你晓得，我没办法回答这个问题。我对这问题很迷惑，因为每个人总是告诉我，我为徐志摩做了这么多事，我一定是爱他的。可是，我没办法说什么叫爱，我这辈子从没跟什么人说过'我爱你'。如果照顾徐志摩和他家人叫作爱的话，那我大概爱他吧。在他一生当中遇到的几个女人里面，说不定我最爱他。"

爱情这件事，从来不会让人觉得平等。相爱的时候每个人都懂得为自己的幸福努力，不爱的时候却鲜有姑娘能保持清醒，自愿截断末路，转换跑道。一纸契约并不是保证爱情的定心丸，真正能让你获得安全感的无非是不惧风霜的自信。相爱时彼此温暖，分开后不会皱眉，只愿拼尽全力打开那扇窗，并深信自己会越来越好。

只有你对自己满意，才会对生活感到满意。赚不多却够花的钱，做一份喜欢的工作，坚持一到两个爱好，照顾家人也不忘记保持自我，先让生活见到最好的你，自然能得到生活的宠爱。

泰戈尔说："世界以痛吻我，要我报之以歌。"

愿你我用天真去善待，用本能去热爱。

认真负责地对待工作

人这一辈子无非是生存或生活，
时间也就这么多，
重要的是你如何把握。
问问自己，
我要过怎样的生活？
为此，
我愿意付出怎样的努力。

{ 在适当的时候充电， 你才会走得更远 }

[清楚未来的目标]

初心是什么？这是几乎所有初入职场的朋友会面临的问题。而这些问题通常会在步入职场的3年之内出现。如果不及早解决这些问题，那么，你就会荒废这段时间，而对于一个职场新人来说，这段时间至关重要，是锻炼能力、积累资本的黄金期。一旦错过，则要花费更多的时间，从头再来，重新弥补。一旦超过3年，你将为每一次改变付出巨大的代价。

为什么要清楚自己的目标？因为，有了目标，才有行动的指南。知道自己想干什么，喜欢干什么，这才是你前进的动力。工作不开心、动力不足、盲目跳槽的最根本原因是职业目标不清晰。没有目标，便没有了追求，于是，所有的行动只是为了挣一口饭吃。许多人根本没有考虑过自己的未来应该端什么饭碗。

或许你在30岁之前还有挥霍的资本，因为年轻做什么都不怕。一旦过了30岁，你走的每一步都必须要慎之又慎，因为要结婚、要养活老婆孩子、供房贷、供养年迈的父母，孩子大了还要上学、父母年迈了需要照顾。所有的这些责任，都要你来承担。如果没有规划，一旦出现问题，你只能自乱阵脚。

[资本靠积累]

资源从哪里来。有的大学生经常会跟我说，我毕业之后一定要找到一份月工资多少的工作，争取做到什么职位。这时候我总是会耐心听完他们的"远大蓝图"，然后问一句："你通过什么达到你的目标？你的资本是什么？"然后得到的就只是哑口无言。

对于职场上的朋友而言，你"亮剑"的资本又在哪里？你的业绩提升了吗？你的能力提升了吗？你在一年内看过多少本对自己的职业有益的书籍？你参加过几次培训班来为自己充电？如果没有，又凭什么加工资？

[慎重对待第一次]

为什么第一份工作重要呢？

1. 先入为主的观念影响。

具体是指，先听进去的话或先获得的印象往往在头脑中占有主导地位，以后再遇到不同的意见时，就不容易接受。

对于求职的大学生来说，第一份工作会对以后的工作产生影响，跳槽时，新雇主也会通过你的第一份工作经验来判断你是否能够胜任这份工作。

曾经有一个大学生，毕业之后想做策划，就找了一家广告公司。刚进公司时，因为文笔不错，被安排到了文案的位子上。而与他同时进去的另外一个人，恰恰因为文笔不好而被安排到了策划的位子上。后来她屡次想转行做策划，但因为前一份工作经验的影响，而始终没有得到转行的机会。

2. 职场中不允许从头再来。

如果公司招聘的是有几年工作经验的老员工，一定要求有"相关经验"。这一点至关重要。这样的员工一般不需要培训，直接上岗，很快会为公司带来最大的效益。如果是工作几年以后再打算转行的应聘人员，一般不会受到重视。一是不会给公司直接带来效益，二是培训起来也比较困难，思维已经固化。与其这样，倒不如招一名应届生，白纸一张，可塑性强，发展起来潜力更大。

所以，一旦有了工作经验之后，再想转行从头再来，难度相当大。

3. 时间成本不允许。

步入职场的前3年，是一个人职业成长最重要、最关键的时期。如果你这时候还把工作的重点放在骑驴找马式的转行上，则会浪费你最宝贵的青春。你的成长也因此比其他人慢一步，而很多晋升的机会将因此而失去。

所以，对待第一份工作，一定要慎重。找工作就像结婚，情愿不结，绝不能乱结。如果现在你刚刚步入职场还不到3年，劝你趁早做一个职业规划，亡羊补牢，犹未为晚。一旦你结婚了买房子了，你再想弥补都已经晚了。

[心态如履薄冰，谦逊永远没错]

我见过很多的大学毕业生，刚进入公司时常吹牛，说自己在学校如何，本可以找到更好的工作，迫不得已才来到这里，好像现在的雇主委屈了自己，降低了自己的身价。要是有本事就证明出来，就没时间成天抱怨了。

对于所有人而言，谦逊的心态同样重要。中国有一个词，叫"虚怀若谷"。优秀的人有极高的素养，有一个能包容一切的胸怀，职场上就更容易获得尊重。

［关系也是生产力，做人和做事］

职场就像一个大熔炉。在职场中，不仅仅是要挣一碗饭吃，更重要的是学会做人的道理。如果连最起码的道理都不懂，你不仅得不到别人的尊重，更会失去更多的发展机会。

我见过很多人，虽然已经工作多年，但对于做人，却连一点最基本的常识都不懂。做人的道理万万千，但其中最重要的，莫过于以下三条：

1. 严于律己，宽以待人；

2. 学会倾听；

3. 诚实守信。

职场固然存在相互利用、利益至上的现象，在这种情况下，诚实守信仍然不失为一种传统美德。诚信同样可以带来效益。只要你诚实守信，长此以往，大家都会对你形成一种良好的印象，都愿意和你交往。而那种两面三刀、当面一套背后一套的人，固然可以占一点小便宜，但要想成就大事业，诚实守信的基本原则绝对不能丢。

［遵守游戏规则，没有绝对的公平］

很多人会感觉到，在职场上发展，不仅会受到各种约束，而且处处都充满了不公平现象。比如上班迟到老板会扣你工资，但你加班的时候从来没有拿过加班工资。

在这个世界上，不要奢求绝对的公平。那只是一种乌托邦式的理想，从来都不存在于现实中。员工和老板之间的关系，就好像是一场游戏。是游戏就会有游戏规则，否则，游戏就玩不下去。但是，游戏规则是谁制定的呢？当然是老板。

要学会慢慢接受一些游戏规则。

[机会只垂青有准备的人]

没有绝对的公平，无论你再怎么抱怨，再怎么不开心，饭还是要吃的，觉还是要睡的，工作还是要做的，未来的事情永远只属于自己的。

买房子也好，娶老婆也罢，压力只有自己扛，老板不会为你操心。与其有时间去抱怨，不如踏踏实实静下心来，好好提升自己的基本功，用事实证明自己的本事，让别人对你刮目相看，万不可因为自己的书生意气而自做一个自毁前程的人。

当然，你的准备是多方面的，除了专业技能外，其他的辅助技能也是非常必要的，比如沟通能力、人际关系处理能力、管理能力，等等。当然，更重要的是要为自己的未来做一个规划，清楚地知道自己的目标是什么，应该怎么努力才能实现。

在适当的时候充电，你才会走得更远。

{ 你愿意为高薪
工作付出多少 }

有张照片我用过很多次，摄于两年前的一个冬日，中午放学回宿舍的时候，路过阳台看到它，生长在一片浓郁的脚臭中，无所畏惧。

当然，后来它还是死了，死因不明，但通体发黑，一副死得其所的样子。

今年团队招聘的时候，我面试过一个西财的学生，前面整体感觉都不错，问到期待薪资是多少，少女微微一笑，说：刚开始就开六千吧。

我一愣，问：你知道西安市场的行情吗？

少女天真无邪地答道：不知道，但我觉得自己就值这个价。

我又问到技能这个环节，少女显然神采奕奕，说：普通话二级甲等，熟练掌握office办公软件，会Photoshop的基本操作，英语四级……

当天晚上我气愤地发了条微博：普通话二级甲等，熟练掌握office办公软件这种技能，面试互联网公司的时候就不要拿出来说了。

六千块不多，但也是建立在跟你的能力及软素质匹配的情况下，正像那句：要死得其所……

后来再想起这个场景的时候，再结合自己少有的实际经验，我觉得可能大多数大学生会在毕业找工作这个阶段，从理想生活的高台上被现实拍下来。

周围有很多正在创业或已在管理层的伙伴们，大家坐在一起开始聊近况时几乎都在抱怨：现在的人真难招。招有经验的吧，对创业公司来说，第一是成本大，二来有经验的人正是因为有经验，可塑造性就变得很低，难以实现创业公司"一人多用、八面玲珑"的这种需求，或许还会给新生的团队带来一些前公司的不良习惯。所以初创团队在基本工种配备齐全后，更愿意招聘大学生进来，好带，学习能力强，可塑造性强，说白了，成本也低。

但是大家慢慢发现，大多数大学生，其实还停留在一个"理想阶层"，并不能承担起企业合格成员的角色。

也不难理解，大学一开始，基本上大家便都幻想着毕业后自己能有一份体面的工作，月入五位数，二环内有房，再配辆差不多的车，在公司有话语权，西装革履……不屑于做一些听起来不是很高大尚的工作，不是嫌累，就是嫌钱少——总的来说，眼高手低，像我刚出来时一样。

其实，苦衷我也理解，家长花那么多钱让上了四年大学，一出来兴高采烈地工作，每个月才拿两三千块钱，还完房租每个月基本也就差不多了，再者，上了四年大学，毕业才拿这么点，咋好意思回村，咋好意思面对那些中途辍学，现在已经有车有房还有俩娃的初高中同学们？

但是，仅仅你上了四年大学，出来找了份工作，你就应该拿到高工资么？

很多硬气的用人单位拒绝用应届生，原因大概也就是这样，才大学毕业，一个个能说会道，看着也蛮机灵的，但就是不会做事，技能或许能拿到八九分，但论"软素质"，差了不止一条街。

按道理下面应该列举很多点来说明应届大学生"软素质"差在哪儿，但我就想只列举两点：

1. 把苦劳当功劳。

拿我举例子，我刚到公司来，做微信运营，将老师们拍好的视频剪辑再配以文字，通过公众号发出去，当天晚上为了给老师的视频课配以相应的文字说明，我百度了一晚上知识点，几乎重拾了高中时漏掉的知识，看着还蛮辛苦的，毕竟不管咋说熬了一个通宵。

第二天老板就一句话：这些知识点你花二十分钟就让老师整理出来了，用得着熬这么一晚上？

2. 这山望着那山高。

新人在刚来的时候，基本上是一腔热血，想着低工资也没关系，我要做出一番成绩出来，升职加薪出任总经理迎娶白富美，走向事业巅峰，但过一阵儿这个劲儿过了，就开始想着，为啥我来了这么久，还是这么多钱？！

于是就开始想着各种法子来告诉老板：是时候给我涨工资了！

又或者，整天嘟囔着自己一哥们现在拿着上万的工资……

那么，你拿多少钱才合适？

我心里一直有这么一个公式：现阶段个人能力+发展潜力=薪资，这其中，发展潜力所占的比重应该是大于现阶段个人能力的，但是可千万别自己认为自己发展潜力大，它就大了，这事儿不是你自己来评估的，千万不要自己骗自己，觉得自己就是被选中的人，社会还是相对公平的，你的发展潜力从你工作开始起，在方方面面已经体现出来了，老板嘴上不说，但其实心里早就给了你一份成绩单，给你定了位。

未来，你薪资几何，能到哪个阶层，基本上都和这份成绩单有关。

那么，我们来聊聊这份成绩单的构成：

1. 态度。

从小我们就被告知：态度决定一切。后来看看的确是这样，态度能决定你方方面面的东西，一件事儿的成败最终决定的不是个人能力的强弱，不是时运机会，不是天时地利人和，就是态度。你个人能力再强，懂得再多，说得再多，对工作没有一个好的态度，那这份成绩单多半就不及格了；

多思考少抱怨，自己的事情自己做，有责任意识，积极主动……你的态度体现在方方面面。

2.学习能力。

年轻是你的优势，但不是资本，别觉得自己年轻，好像老了就真能变得很厉害一样，你优势的体现，无非是能更快接收新的事物、新的思想，拥有更强的学习能力，但不是说你有了很强的学习能力就够了，你得学，而且学以致用，不断突破自己，冷不丁地给老板一个惊喜，让他不断地去认识更优秀的你。

不是说有了一份工作后就万事无忧了，你满足每个月这千把块钱？满足现在的岗位？想办法让自己升值的唯一途径就是投资现在的自己，而最实惠得当的选择就是学习。

别人都在往前走的时候，你选择停下来，那你就是退步，都退步了，还谈什么发展潜力。

那么，从企业的角度是怎么看你的？

知己知彼，百战不殆，用在员工和企业之间的关系虽然不恰当，但也蛮应景，就将就着这么说了。

在网上看到一篇文章，叫《你靠什么在公司立足》，里面大概解读了这么十二个词：忠诚、敬业、积极、责任、效率、结果、沟通、团队、进度、低调、成本、感恩。

看后感触蛮大，这十二个词基本涵盖了企业评价一个优秀员工的标准，最令老板头疼的员工，就是刚来没多久，还没为企业创造成绩，就着急着说要涨工资，老板在没看到你的成绩之前，哪有理由给你涨？

你试试期末考试交张白卷，看看老师会不会给你高分？

一般来讲，大多数老板会创造好的工作环境，为创造财富提供各种条件，正因此，才会在心里树立一个标准，什么人该涨工资，什么人能涨工资。

几个核心点大概是这样：

1. 时刻维护公司的利益，尝试着站在老板的角度想问题，多为他们排忧解难，而不是制造麻烦；

2. 工作的目的不仅仅是为了获取报酬，而且要提供超出报酬的服务和努力；

3. 重视工作中的每一个环节，从"要我做"完美过渡到"我要做"，主动分担一些"分外"的事；

4. 责任的核心就是责任心，将自己的工作负责到底，做错事千万不要找理由找借口，勇于承担自己的错误，要善于总结，在自己身上发现一个坑就填掉一个坑；

5. 高效工作，量化、细化每天的工作，千万别瞎忙，更不要拖延；

6. 不要说"我觉得……""我认为……"，带着方案去提问题，再让老板去评估；

7. 不做团队的短板，挤出时间来给自己充电；

8. 拒绝摆架子，拒绝邀功，拒绝耍小聪明；

9. 感恩，不管现在如何，公司给了你工作、事业，给了你展示自己的舞台，给了你成长的空间，凡此种种，要用感恩的心去看待。

作为过来人，我有几点建议：

我从学校出来加入现在的公司，到上周刚满一年，说白了也是职场新人，却完整的经历了那种从理想主义的高台落下且摔得粉碎的感受，上面列举的那些短板，一大部分来自我自己，剩下的是从现在我的团队中发现的问题，可以说，这些真实的案例严重拖慢了我向理想生活靠近的速度，我本来想着毕业就结婚的，现在连彩礼都没攒够。

接下来是建议：

1. 做公司的主人。

永远不要把自己当成一个员工，否则，你也就只是一个员工了；有些人可能会说，这又不是我的公司，我怎么做主人？其实不然，不是你的公司，只意味着你没有控制权，或者少有决策权而已，你的努力，你为这个公司的付出，最终都不会落空。哪怕你对自己的定位就是一颗小螺丝钉，但这颗螺丝钉要是发力转，整个机器就会转起来。老板会看得到，谁在为公司努力。

2. 是事业，不是工作。

你不是过来每天按时上下班，混混日子，每个月拿着几千块就能满足的人，就别偷懒，别骗自己，把你的每一份工作，都当成自己当下的事业，狠劲发力，积极主动，你才会得到更多。这个更多远不止财富而已。

3. 永远不要停下学习的脚步。

假设你来公司的时候只会1+1=2，时值2000块，一年后，如果你还是1+1=2的水平，凭啥指望着公司给你涨工资？再说，学到了，那就是你的东西，就是你的资本，就是你给自己增值的砝码。你二十几岁，正值壮年，正是人之清晨，你用这时间来打游戏，用来抱怨生活、抱怨工作、抱怨薪资，不如用来投资自己，永远不要让别人给你定的价一成不变，与老板谈涨薪的时候也别拿你的苦劳说事儿，那不值钱，要给自己积累资本，别这家工资低就换一家工资高那么一两千的，换来换去，你不去武装你自己，顶多也就是那个价；

4. 从"要我做"到"我要做"。

别做被人支配的人，脑子和手长在你自己身上，多思考，多主动。你还年轻，你的潜力是无限的。

5. 在月薪三千的时候，做月薪八千的事儿。

决定你工资的还有一个核心点：供需关系。当你找到了问题的答案，做到了正解，在月薪三千的时候拿出八千的实力，那老板要是还不给你涨，就！跳！槽！

6. 低薪资不可怕，可怕的是你适应了低薪。

可能大部分大学生出来都无法拿到一个令自己满意的薪资，无法满足自己的需求或曾经美好的幻想，但是，千万不要着急，也不要就这么气馁，二十来岁风华正茂，抽空看看书，充电学习，给自己阶段性的设定一个天花板，然后一层一层去突破。保持这种态度，不断进步不断突破，在这波大潮中你才能成为强者。

分享一个我的方法，在自己小窝的墙上或者电脑里给自己设定一个清单成就榜，分别是to do、doing、done，把自己要做的，正在做的，已经完成的列清楚，在"to do"一栏里用便签贴好目标，在"doing"里写目标完成的进度，然后在完成后，就可以把它放在"done"里了，可以是在短期内学习一项技能，可以是工作中某一阶段性的目标，或是培养自己的一种习惯，学会自发地去做这些事儿，自己监督自己，做自己的主人，一步步发芽、成长，用现在的青春来投资自己，这样，未来才不会辜负你。

人这一辈子时间也就这么多，重要的是你如何把握。

问问自己，要过怎样的生活？

为此，愿意付出怎样的努力？

{ 抱怨是不会解决任何问题的 }

同事F整天在办公室里面抱怨，抱怨自己的工资低，抱怨工作辛苦，抱怨要加班，而且还举例：我同学，人家一个月一万多，而且还不用加班，你看看我们，累得跟狗一样。

每当他抱怨的时候，我就会带上耳机，将声音调到最大，试图用音乐的声音压过他的抱怨，可是我错了，他会把凳子一拉，凑到我跟前，拍拍我的胳膊，然后声音提八度：你说我们辛辛苦苦上了这么多年学，都不如一个卖煎饼的大妈赚得多，哎。叹息完毕后之后，还用幽怨的眼神看我一眼，我能看得出来，他是希望我能附和他。

起初的时候，我也会劝说几句：刚开始起步嘛，慢慢来，别想着一下子就能赚大钱。

可是，他并没有听进去我的话，而是不停地抱怨，工作上班时间抱怨，食堂吃饭时抱怨，走在路上还抱怨。他抱怨的缘由无非是成绩没他好的同学，比他赚钱多，而且上班轻松。还有一些没有上过大学的，出去做生意赚了钱，这让他很不开心，十分不开心。不停地说：我那个发小，高中都没读，现在开了一个餐馆，听说一年能赚二十万，你说我们读了一肚子的书，还不如人家一个初中生。

有一天，我终于忍不住了，说道：既然你感觉现在的工作委屈了你，有种你就辞职吧。

同事F听了我的话，叹了一口气：我要是有资金，早就辞职创业了，谁没

认真负责地对待工作

事在这个破公司干耗着，没前途。

我瞬间满头黑线，原来我一直努力工作的公司，在同事F的眼里是破公司，我很生气。

在我们的眼里，同事F就是一个傻缺，最后办公室所有的人，都懒得搭理他，因为他就像一个怨妇。

我并不是不鼓励辞职，只是不能容忍无休止的抱怨，因为没有人愿意接受负能量。如果真的有什么好的创业点子，而且天时地利人和，那就果断辞职，老板也不会拦着你不让你走。

相反，我非常认可我的高中同学Q，他大学学的计算机，现在搞APP开发，在我眼里，他就是一个跳槽狂魔。几乎每隔半年，一年就会跳槽一次，我起初不知道他这么折腾有啥意义，可是当我知道他每跳一次槽，工资都会涨好几千，我就非常支持而且羡慕。

同学Q从不会给我说，他打算辞职，而是直接告诉我他已经辞职了。现在他正打算自己创业。

我虽然羡慕同学Q，但是我不会辞职，至少目前我不会辞职，虽然我的工作工资不高，但是我能每天下班后，还有时间看书，写字，我感觉很满足，工资虽然不多，但是够吃，也能孝敬父母一点。

虽然偶尔老板让加班的时候，也会有情绪，但是我不会一直抱怨，把自己的情绪带给其他同事，我会很快调节好自己的心态，抱怨是不会解决任何问题的，只能让同事和老板讨厌你，远离你，老板并不会因为你的抱怨，多给你发一毛钱。

千万别喋喋不休地抱怨工作，有种你就辞职！

{ 别把希望单纯地寄托在意志力上 }

长久以来，人们对意志力存在误解，认为意志力等同于决心，等同于一种主观的意愿。好像意志力越强，成功的可能性就会越高。

但事实是怎样的？

事实是，把希望单纯寄托在意志力上的人，很可能会以失败告终。

比如有人说，要每天背单词，结果撑不了几天就被单词表搞晕，最后背来背去最熟的还是abandon。

有人发誓要"戒淘宝"，结果还是每天上线买买买，买完之后假装说要剁手。

有人发誓要戒网络游戏，结果还是每天往网吧里钻，渐渐走火入魔。

身边这样的例子真的很多，毕竟大家都是凡人，都有欲望。

我们可以发现，想单纯凭借意志力把事情做成功，太难。

怎么办？

我曾经是个网瘾少年。

到什么程度？在网吧里经常一天一夜、在电脑前能不吃不喝坐一天、念高中时每天凌晨3点起床打游戏，风雨无阻。

家里人当时为了阻止我，把电源线藏了起来。我为了找这根电源线，把家里翻个底朝天。

那会儿基本是游戏疯子，不过还好，现在总算恢复正常。

认真负责地对待工作

我原来拼命想凭借意志力摆脱游戏瘾，但最后都以失败告终。

直到有一次我重新思考了有关意志力的事。

开始之前，请再次确认自己的长期目标。

确认完毕后，以下6句话，可能对你有所帮助：

1. 立一个标志，迷茫时用它找回自己。

我有个同学大四考司法考试，寝室的墙壁上挂着几个大字：

"我一定要过司考！"

他的做法是每天提醒自己，不断地在心中重复。

很多人在前期往往热血沸腾地做事，中期疲软，后期就开始丢失自己了。

何谓丢失自己？就是丢失目标。一旦丢失，要想捡回来就难了。

我们必须承认一件事，在达成目标的路上，存在太多诱惑。你在寝室复习，同学出去玩了。你在寝室学习，室友和恋人出去看电影了。

这种影响，会让你动摇。而标志存在的意义，就是让你回想起当初是谁做出那个决定，令自己努力。标志会告诉你，你将来想成为怎样的人。

当你看到标志的那一秒，很可能会因为短暂的羞愧感而重新投入学习之中。

也会促使你不再无意识地生活。

2. 意志力是有损耗的，要合理用啊！

我一直认为，《自控力》这本书绝好的一点在于，提出了"意志力损耗理论"。

你要明白一件事，人的意志力也是有损耗的。要在无损时做最重要的事，在有损时做次要的事。

损耗意志力的因素有很多，其中有一点最关键：精力曲线。

每个人早起时精力最旺盛，意志力最强大。从早到晚，逐渐衰弱。所以我们必须要学会，在黄金时间完成核心任务！

我曾经傻到在早晨最宝贵的时间里看电影，等电影看完，精力旺盛时间已过，再想做别的事，就做不动了。看电影这种低精力损耗的事，请放到下午或者晚上吧。

另外，自身肌体的营养对意志力损耗也至关重要。每天要保证充足的睡眠、健康的饮食、适当的锻炼。

3. 你的意志力是需要充值的！

啥？意志力要充值？

其实是这样的，多用积极的语言、肢体动作来引导自己，你会更快乐地做事。

日本作家佐藤富雄有本书，叫《你嘴上所说的人生就是你的人生》。本书有个中心思想是：每天对自己多说一些正能量的话，会帮助自己更好地做事。

"好的，一定会有办法的，今天把问题解决。"

"哎，倒霉死了，一点办法都没有。"

这两句话一出来，你就能大致判断出，谁更容易把事情做成功了。

积极的动作也同样适用，给自己一个拥抱、经常保持微笑……

意志力薄弱期，不妨用语言和动作鼓励自己。

4. 创造有益环境，避免有害因素。

有害因素，把所有的有害因素丢到你视野以外的地方，你就会少犯错。

要想戒毒成功？请去戒毒所。

要想戒掉网络游戏？把游戏卸掉、电脑拆掉、网吧会员卡停掉。

就像所有在学校军训的学生，意志力大都要比平时强得多。因为那儿没有手机、没有IPAD、没有娱乐项目……排除一切干扰，意志力才能强化。

你要学会为自己创造有益的环境，避免影响目标的因素。

很多人周五的时候计划双休日待家里学习，但那可能吗？在家里自主学习的人太少了，因为家本来就是一个充满诱惑的地方。累了可以直接躺床上，无聊了直接看电视，饿了直接翻冰箱。

出错的成本太低，所以才会让人不断出错。

把那些诱惑的因素排除在外，也是变相地提高出错成本，让自己面对诱惑时自动却步。

比如你去自习室学习，一般效率比家里好太多。因为那儿没有床，没有电视，没有冰箱，在你面前的，只有一张供你学习的桌子。

5. 压力和疲劳是意志力的敌人，学会解压。

看书复习了一个下午，你可以出去听音乐、跑跑步。

这样做的目的有两个，一个是放松大脑，运用大脑的不同区块工作。另一个是抵抗负面情绪，化解焦虑。

"运动是天生的健脑丸。"

这话不是我说的，是约翰·瑞迪说的，《运动改造大脑》的作者。哈佛医学院20多年的研究成果印证了这一点。

久坐的人，脑细胞会变少，抑郁缠身，焦虑急躁。

但身体只要动起来，脑细胞就会增多，它能让你避开消极中枢，开拓新的回路，重见阳光。

谁都有焦虑的时刻。

不如找一种解压的方式，放松完回来，你又是一条好汉了。

6. 实在坚持不住了怎么办？

好吧，我知道你一定在想这件事。

比如，你的长期目标是减肥瘦身，但当你经过鸡排店，一定会忍不住想吃鸡排。

那种时候怎么办？

我建议你给自己5分钟犹豫的时间，先不要做决定。

也不要去想"我一定要忍住！要忍住！天呐！快忍不住了！"那样反而会有相反的效果。

你要重新回想你的目标，在心中重复一遍你想做的事。说白了，这是切换你的思维模式。

"我想要健康的身体，我想要健美的身材！"

当你想到这一层，你就没那么想吃鸡排了。

如果5分钟后，你还是想吃鸡排……

好吧，那你吃吧，但也不用感到愧疚，至少你为自己争取了5分钟。

破戒后的负罪感，会逐渐减少你做此类"破戒"的事。

另外，接受自己的错，坦诚一点，比什么都重要。

{ 成大事不在于力量的大小，
而在于能坚持多久 }

近几天部门的实习生H姑娘总是请假，八小时工作制顺理成章地变成了半日制，一到中午午饭时间就悄无声息地下班，剩下一堆烂尾的工作，工作都是部门与部门之间紧密结合的，让各部门的同事进退两难。

半年前公司出于为我们部门分担工作压力招进来几个大四的实习生，H姑娘就是其中一个，刚来的时候是很好学生的样子，据说名牌大学毕业，说话小心翼翼地，拿着一部最新款的苹果手机。

H姑娘被分到我的部门，交接给她工作的时候，女同事很不耐烦，因为一遍两遍她是听不懂的，即使这是一份大家都认为Ctrl+c再加上 Ctrl+v就能完成的工作，你需要给她讲四至五遍，甚至更多。我不认为我是一个与别人沟通有障碍的人，但在和她共事的这半年里，我一度误以为我是个话说不清，脑子坏掉的人！

其他同事需要30分钟完成一项任务，即使H姑娘比别人晚下三个小时的班，也完不成。我记得很清楚，她那天只完成一项工作任务。

那一周我们的进度严重缩水，各部门找她的原因，我把所有的责任都揽下来，说她刚刚步入社会，技能不是很熟练，或者她刚刚来到公司对工作很生疏，我用这些理由搪塞着，深夜加班赶进度。

我一直安慰她说，没关系，等你以后熟练了就好，一回生两回熟。我还说有什么问题都可以找我帮忙，就像当时刚刚踏入职场的我，同样渴望有一个老师。

有天，她焦虑地跑到我的工位上，贴在我耳边悄悄跟我说，姐，你能帮我去看看我电脑怎么回事吗？

我问她是没有保存丢东西了吗？我起身走到她的电脑前。

Ctrl键加上鼠标的滑轮把显示页面放大了，她面红耳赤不知如何调整。

还有一次，她问我"【 】"这个符号怎么打出来的。

其他同事嘲讽她，名牌大学的学生居然都不知道符号怎么打，像我们这种上大学才见过电脑的人打字都比她快。

H姑娘从不允许别人帮忙，她认为她要守住自己的一亩三分地才能在公司继续待下去，她出现问题的时候，我们问她需不需要帮助，她一度不让我们帮忙。

H姑娘经常在晚上九点钟后发朋友圈，公司办公楼的图，配上"下班回家，路上车都少了" "我是一条加班狗"诸如此类的文字，坐标：公司位置。

大家不是不赞同加班，如果跟不上进度我们也会加班，只是大家认为H姑娘的工作效率根本配不上叫加班。同事之间的聚会从来也不欢迎她，大家不满工作氛围被她搞得很不愉快。

有天，她请假了，跟我们部门对接的部门经理找到我，说H姑娘工作进度慢无所谓，但是不要出现愚蠢的错误，价格写错、日期写错，部门经理说这单本该是5万多元，由于 H姑娘的失误写成了5千多元。他说这损失H姑娘承担不起。

H姑娘的工作还是持续出错，她还是不允许别人参与她的工作，她的朋友圈持续发表着证明她加班的日常。

前几天开会的时候H姑娘说要离职，之前嘲讽她的那个同事闻之简直嗨

认真负责地对待工作

爆，说她离开简直是对我们最大的惊喜，没有之一，虽说我们不应该庆幸她的离开，不过自从她来了，整个部门确实再也没有拿到过奖金，而且工作时间莫名地被拉长了这确是事实。

这时，我们也知道她最近为什么总是请假了，既然她不准备在这个公司工作，既然换不到升职加薪，那么，她觉得也没有必要再为了公司加班加点。

公司流动性比较大，很多人在面试的时候侃侃而谈，或陈述自己的平凡，或夸大自己的能力。

有些人拿到职位之后，工作一两天就对公司不满意，杳无音讯，电话打不通，邮件不回复。有些人在面试的时候证明自己十分优秀，结果在工作中让老板感觉名不副实的时候，也灰溜溜地离开了。只有一小部分人，即便工作能力不够，也愿意花费几天几夜的时间，为这份工作交上满意的答案。

让我印象最深的是前阵子来上班的一个姑娘Z，她偏爱设计，面试的岗位是和之前的工作丝毫不相干的，老板说可以来试一下，由于她没有经验，工作起来比较吃力，准备辞职去读一个培训班。

Z姑娘收拾东西准备离开的时候，领导给她在的部门下了任务，五天内交设计稿。

领导遗憾地把Z姑娘送出公司，觉得她是适合培养的好苗子。

三天后Z姑娘的团队收到了她的邮件，那可能是她通宵了三天的成果。

离职的Z姑娘为她的团队做了最后的一件事。

现在的Z姑娘已经是某互联网公司的设计师了，据说薪水翻了好几番，大家赞赏她的能力的时候，她总是说是她对工作的态度决定了她的薪水。

还有一位同事，在公司离职的那天加班到深夜一点钟。"就算我马上要离职了，也要把工作做好"。

H姑娘再也没有出现在公司，她负责的工作也没有交接，剩下的工作像是被抛弃的孩子懒洋洋地躺在我们的任务表单中，在她的电脑里也没有找到任何与工作相关的文件包。

有人做事虎头蛇尾，再不就干脆是半途而废。

约翰生说：成大事不在于力量的大小，而在于能坚持多久。

是啊，即便迫不及待地准备离开，也要站好这最后一班岗，难道司机会因为就剩五秒到达目的地，就撒手不管吗？

就像我们离职的时候也会把工作进度及所有的内容资料打包在一个文件夹里，然后告诉下位同事文件包所在，才不至于让交接的同事抓瞎。

靡不有初，鲜克有终，共勉之。

{ 谁都会犯错，
但别想着去掩盖 }

[1]

家有"零零后"小萝莉侄女一个。还在读小学，性格活泼洒脱，落落大方，深得家人喜爱。小孩子的变化真的是挺大的，一年一个样。而在我印象里，几年前的小家伙，可没有现在这么乖巧。

我大学读书离家近，只需要坐三四个小时的火车，因此会在自己想家的时候，想回就回。有次节假日回家，刚上小学放假在家的小姑娘蹦蹦跳跳地到门口迎接我，小大人一样接过我手里的一些行李。等我到家刚坐好，她又屁颠屁颠跑去拿奶奶提前泡好的茶，想递给我。结果一个没拿稳，打翻了茶杯，茶水混着茶叶洒了一地。

小萝莉没有第一时间去扶正杯子，然后拿拖把、扫帚来打扫。而是眼珠子骨碌碌直转，最后找了个让人啼笑皆非的理由，她指着离她有将近一米的小花猫，说是花花（无辜的小猫）碍着她了。我又好气又好笑，借此机会好好教育了小萝莉一通。

我问她："哥哥有没有看到你打翻茶杯？"她低着头回答看到了。我又问她："你是不是担心哥哥责怪你？"她说是，边说着，已经有点委屈了。我让她抬起头来。

我对她说，喜不喜欢她不会由她有没有做错事而决定。爱她的人不会因为她做错了事就不爱她了，只要知错能改，大家都会喜欢她。

我对她说，打翻茶杯这样的小事情，本身就无伤大雅，为什么不去直接承认然后去打扫，而是要去背上一个推卸责任的坏印象呢！

我对她说，每个人都难以避免会犯错，大人也一样。不管错误是大是小，首先要勇于认错，然后积极去弥补。为小错去狡辩不值当，大错你狡辩也于事无补。

我对她说，做错了就承认，才是好孩子。

小萝莉当时似懂非懂，歪着脑袋。后来我发现不管有没有懂得这个道理，至少她都听进去了，她把最后那句话放在了心里。

[2]

工作后有次过年回家，问她学习成绩，她拿出了成绩单给我看，说没有考好。我问她原因，她没有任何遮掩地说是因为期末前一段时间，天天晚上看电视，没有好好复习功课。

我捏了捏她的脸，说我来给她补课，让她要好好努力。我为这个人见人爱的小姑娘自豪，如果她一直这么成长，长大后也会是一个人见人爱的大姑娘。她已经在小小年纪做得比很多大人要好。

而我这个大人，也是到长大碰壁了才醒悟，勇于承认错误有多重要。

看到这里，你有没有问问自己，做错了事第一时间想到的是什么。是毫不犹豫承认错误呢，还是搜肠刮肚巧言辩解，甚至装作不知情而故意隐瞒？

无论是什么情况，勇于认错，承担责任都是最好的处理方式。其他的，不管是辩解，推卸责任，还是隐瞒等，都会给别人留下不好的印象。一如前文所说的，小过失无伤大雅，勇于承认能展示出风度；大过错找理由也于事无补，勇于承认能表现处事的态度。

[3]

最近昭昭荣升主管，朋友们纷纷借机"蹭吃蹭喝"。我对昭昭的工作比较了解，很好奇昭昭在那家福利待遇超好的公司，怎么以一年多的资历从众多老员工里脱颖而出。一直面含笑意的昭昭便对我们娓娓道来，大家嘻嘻哈哈地竖起耳朵"取经"。

昭昭一年多前跳槽进入现在的这家公司。前公司因为管理不善，效益不好，对老员工非常苛刻，然后被现在的这家公司挖去不少员工，昭昭就是其中之一。这家公司很有实力，本身待遇就很好，因为昭昭是最早一批被挖过来的，许诺了昭昭比后来的一些员工更好的福利，昭昭也一直尽心尽力。

这期间，出了一件事情。

昭昭公司有各种语言的对外网站，昭昭负责其中一个比较大的英文站点。那年圣诞节前夕，针对西方最隆重的节日，昭昭对网站做了一些调整。负责技术的同事在按照昭昭的要求修改代码的时候，写错了一行，因此搜索引擎漏抓了很大一部分的页面，接下来的时间网站流览量狂掉。

事情发生后，昭昭积极去找原因，因为技术的遮遮掩掩，问题拖晚了解决。面对流览量大幅下滑，领导的责问，负责整个网站的昭昭主动将责任承担了下来。而从头到尾，负责技术的老员工都没有站出来为她解释。

大老板并不知道事情经过，当着她领导的面狠狠批评了昭昭一番。

而昭昭的领导是技术出身，知道问题大概是出在技术人员身上。然而技术没当场站出来承认，她就没说什么。只是私下里了解了一下，就清楚了原因。领导没有多说，但是记在了心里。

昭昭的公司有两位大老板，公司由两位老板共同出资组建。其中一位老板不经常在公司，比较保守。另一位老板几乎每天跟员工在一起，很用心，也很有抱负，为人也深得员工信任。

公司越做越大，最后两位老板却因为上市问题产生了分歧，保守的老板不同意上市，而一直在公司的老板为上市做了几年的努力准备。无法协调，导致最后只能分家。

[4]

公司重组，昭昭的领导带着昭昭她们整个团队被招揽到那个一心上市的老板手下。曾经的半数人马整顿扩充，昭昭的领导升职成了副总，昭昭被她领导推荐独立出去招揽人手带一个部门。向老板推荐的时候，她的领导就和老板说了那次的事。老板听完很痛快地批准了。于是昭昭成了新的英语事业部的主管，官职不大，实权及待遇却是非常高。

而那个老技术员工，当时有两种选择，一个是服从重组，一个是按工作年限付额外薪水遣散。他的原意是服从重组，毕竟公司待遇好。结果老板听说了那件事后，多付了三个月工资将他遣散。

昭昭的老板找她谈话，对她说很看好她，鼓励她好好努力。昭昭着实受宠若惊了一番。然后老板在重组公司后的第一次集体会议上特地表扬了她。老板的话她一字一句记在心里。

老板说："我不怕你们做错事，做错事去改正，你们有成长，公司也有进步。就怕你们做错事只想着去掩饰，而不是第一时间去弥补。这样对我们这样一个时间就是金钱的企业来说，得额外造成多少损失！"

昭昭把老板的原话一字不漏地复述给我们听，大家一时安静了。也许是大家都在别人的故事里看到了各自的影子。也许你曾经是另一个"老技术"，也许你将来是下一个昭昭。

[5]

所以你看，勇于承认错误，承担责任的人，并没有被别人反感。相反，被反感的是那些一旦出了问题总是第一时间将自己置身事外的人，而那些被看作傻的人，往往更容易得到他人的信任。

互联网如此发达的今天，一些公众人物犯了一点错，有时候甚至不是错，只是一点失误，都很容易被公之于众。但是，很多人做了最错误的选择。

在网上看到不少事，都是犯了第一时间去辩解推卸的毛病，一开始想方设法巧言掩饰。而看热闹的吃瓜群众总会不嫌事大，于是事情愈演愈烈，真假纷繁复杂。有人一不小心将原本可以很快解决，溅不起太多浪花的私事逐渐恶化，最终演变成声势浩大的舆论谴责。待事情超出了控制，谎言实在圆不下去，才开始慌了，一把鼻涕一把泪地出来认错道歉。多么痛的领悟，却在一直重复被领悟。

勇于认错是一种态度，它表明你的立场是无心之失，或是考虑不周，并表现你积极寻求解决方法的决心。对于为人，身边的亲人朋友喜欢的绝不是一个死不认错，拒不悔改的品行有损之徒；对于处事，企业不需要一个遇事只会推卸责任，不去积极弥补错误和损失的不靠谱职员。

人非圣贤，孰能无过。知错能改，善莫大焉。勇于认错是一种非常优秀的品质。这种品质能被你身边的人清楚意识到，并被你感染。在我们做错事的时候，果断承担责任，其实是一种很好的处理方式，能够在第一时间将对你的负面影响降至最低。而在你积极采取措施补救，最终解决问题之后，你所能收获的，一定会比推卸责任所得到的要多得多。

[6]

　　曾经与昭昭共事的技术老员工，离职时还在问领导，是不是昭昭打的小报告。领导告诉他，她一开始就知道是他的责任，一直在等他自己主动认错，而他从始至终都没能把握这个机会。

　　而昭昭，有团队，有技术，有资源，前途无量。

　　现在知道如果做错了事，我们该怎么选择了吗？

{ 这些职场经验 也许能帮到你 }

[1]

前几天，学妹雨檬发来微信，向我询问一些工作中应该需要注意的问题及经验。说是在毕业实习，马上要离开象牙塔进入复杂的社会，想听听过来人的看法。

雨檬说正在看我写的文章。有些文章挺贴近实际的，希望我能够写一些关于职场注意问题的文章。

对于她的要求和想法，确实让我有些为难。我告诉她，毕业工作至今，我从未认真总结过所谓的工作经验和注意事项。如果真要这么做，需要花费大量脑力和时间。

没等我回复，一句"谢谢，小李子坐等文章"，就没有了下文。

看到这样的回复我不禁一笑。正好抽时间做个总结，我回复让她等着。

[2]

着手准备时，我并没有太大的把握和信心能够写好。害怕只是简单地凑字，担心文章写好后对她没有帮助，担心我的文笔支撑不起文章的主旨，担心我的立意不够新颖。在一次次地担心后，我拿起笔，一条一条的提纲逐渐出现，脉络清晰后手指开始在键盘上不停跳跃。

毕业三年，我的阅历有限，职场感悟比不上诸多前辈。仅从我遇到的事情及受到的教训总结一番。

1. 了解企业文化遵守制度，让你赢在职场起跑线。

找到工作后，很多人包括刚毕业的应届生会认为企业文化、规章制度、人员架构与自己没有丝毫关系，认为只要自己做好本分工作就够了。

殊不知这让自己已经输在了职场起跑线上。

刚毕业参加工作那会儿，一起进入公司的十个人中有这么一位女孩，从衣装打扮不难看出，她不差钱。

当我们认真接受入职培训时，她在玩手机。当我们参观公司时，她在照镜子。当我们在按照公司管理制度工作时，她一脸不屑。

这给她后来的工作造成了诸多烦恼。公司要求工作日除周五外必须着正装，而她依然我行我素，被罚款后喊冤说没有受过培训。公司要求办公室内行走必须靠右，而她走路始终走在路中间，一次被副总遇到狠狠痛批后，她委屈地说没人告诉她。

规章制度是一个企业核心的价值体现。俗话说无规矩不成方圆，国家需要法律维护秩序，人人都必须遵守。而企业的规章制度保证企业有序开展工作，如不遵守或是违背，想必人力资源部的大门随时为你敞开，约见谈话。

最终这个女孩没能通过试用期，被辞退了。

2. 领导同事关系处理妥当，工作事半功倍。

了解企业文化规章制度是最基本的要素。开始接触实质性工作后，处理好与领导、同事的关系很关键。

所说的处理好关系并不是一味地拍马屁。这里说的处理好关系是避免与同事发生冲突，必要时可以出手相助不求回报，尽量制造一个和谐的办公室氛围。

我刚参加工作时，因为是应届生，对任何业务完全不懂。面对前辈的教导我虚心学习，趁着业余时间多交流增加感情。必要时，趁着他人忙碌自己闲暇时，给同事打上一杯热水。微不足道的小举动总是能够给你们的友好关系加分不少。

记得一次，财务经理的快递由于太沉，她一人搬不动。正好我经过门口，简单寒暄后我帮忙搬上楼。不料财务经理还在财务办公室把我夸了一通。

本是一次小举动，从来没想过会得到任何的回报。但回报还是悄悄来了。我所有的报销总能及时到账，我的供应商付款总能提前一步完成审批。此时，我却总能看见其他同事频频给财务打电话后依然无果的抱怨场面。

心想处理好领导、同事关系并不是拍马屁，一味地讨好对方。而是在任何时候都能发自内心不求回报地帮助别人，坚持下去关系一定能处得越来越好。当然，工作处理起来自然事半功倍，意外的惊喜收获总是先落到你的手里。

3. 领导下发任务，先答应后讨论，减少争执和冲突。

工作后开会是一件常事，领导需要在会议上发言，也经常在会议上下发任务。如果领导将任务派发给你，无论如何应先答应下来，如有问题会下再进行讨论。如果领导询问你的看法，可以发表意见。切记不可在任务下发时，与领导争执出现口角斗争。

如能够冷静下来想想，其实领导派发任务，一来说明领导信任你，二来也足以说明领导想给你机会。但往往当人们接到难度较大任务时，第一反应是拒绝，有时控制不住还脱口而出。这让领导下不了台，也让自己失去了领导对你的信任。

是的，领导也有一时脑热冲动的时候。没有经过深思熟虑后一拍板就把任务下发了，你无论从经验还是资历上来说却完全不可能做到，这时就上演了双方尴尬的局面。

此时的你可以先答应领导，会上如有发言机会委婉阐述自己的观点。如没有机会，可等会议结束单独找领导商量，我想此刻的领导已经足够冷静，对你阐述的观点也会好好思考。这样既可以让领导下得了台，同时也让自己免受领导脑热时下发艰难任务的困扰。当然，如果你足够自信有能力，那接下任务完全也是可以理解的。

4. 学会汇报工作，领导要的是结果和方案，不是过程和描述。

我看过一本书《不会汇报工作，还敢拼职场》，书中分为九个章节从汇报时间选择、汇报技巧、汇报态度及汇报疑难问题入手讲解。告诉我们如何更好地向领导汇报工作，看完后很受用。

运用书中所讲技巧，我重新整理需要汇报的工作。我没有如之前一般着急向领导汇报，而是对工作进行新的总结，将成果分成条款进行汇总。同时对于工作中出现的需要领导做判断的问题时，我根据问题列举出解决方案，也通过方案呈现，给领导一个选择而不是让领导给你想办法的方案。

至今为止我最敬佩的领导L曾经说过，公司请你过来是解决问题的，而不是过来当一个事实阐述者，更不是过来制造问题的。你的解决问题能力往往是决定你薪酬高低的重要因素。

是的，领导的时间宝贵，他们需要解决的问题更多，所以汇报工作一定要简明扼要。直接将结果和可选择方案提供就好，千万不要将工作的过程一一汇报。大部分领导不会过多地关心你在过程中有多么艰辛，他们关心的只是一个不错的结果，那你就是优秀的。

我第一次向领导汇报时，因为没有经验，总想着让领导看出我的努力，体恤我在工作中的难处。我一个劲儿地煽情，讲述了工作中遇到的问题，俨然就是一次牢骚报告会。确实如此，领导没有听下去，狠狠地甩了一句话，要么重改要么走人，我只要结果和方案。

那一次以后，我顿时醒悟。原来汇报工作也是一门艺术，汇报得当，工作平平依然能够得到青睐，汇报欠妥如果业绩还行，那么工作评分可以及格。但如果业绩不行汇报还不行，那么等待你的要么是降职减薪，要么就是走人了。

5. 不要让加班占用你的私人时间，更不要指着以加班费提高收入。

任何一家企业都在提倡高效率工作，在有效的时间里完成更多的工作应该是所有企业所追求的。企业一般不提倡加班，一来服务成本提高，二来占用私人空间会导致员工负面情绪，三来也是最主要的一点，许多人打着加班的幌子无所事事，还光明正大地拿着加班费。

虽然企业不提倡加班，但加班现象在企业中还算比较普遍。根据身边的朋友反映，一般情况下没有加班费的企业很少有人愿意加班，但相对拥有加班费的企业加班人数就会大大增加。

就我个人而言，我不太提倡加班，因为加班会占用太多的私人空间。八个小时制工作时间，如果利用好，一天的工作完全可以处理好。但如果临近下班点，突然来活必须加班，那别无选择了，毕竟这是工作。我想对于想把工作做好的人来说，一定不会有意见。

我是一个喜欢将工作和生活分得比较明确的人。工作时间我尽可能保证不处理生活中的琐事，全身心放在工作中。当然我也不希望我的生活被工作的事情所打扰，下班即是开启了私人时间模式。在私人时间里，我可以安排约会，我可以安排与朋友的饭局，我可以运动健身，我可以写作看书。

我曾经试想过，如果我长时间加班会不会得到领导的赏识，领导会不会认为我努力积极。但仔细想想这一切都是徒劳，领导要的只是结果，你的过程再艰辛领导其实并不在乎。

加班会占用私人空间，所以我不提倡。同时还有另外一个原因，我不想指着加班费提高收入。我服务的第一家企业确实有加班费，并且单小时加班费比正常工作时间要高，所以许多人会选择加班。

当时的我没有例外，我也想过以加班提高自己的收入。但现在的我并不会这么认为了，因为我给自己算了一笔账，同时还站在人力资源的角度考虑过这个问题。

如今很多公司有打卡机，上下班会进行指纹录入，而人力资源部门月底都会收集每位员工上班时长计算当月的绩效。那么每个人的工作时间和加班时间一目了然，数据拉出来如有异常想必人力资源部一定会与你的部门领导做一番沟通。

这是一个拿数据说话的时代，领导看到数据后一定会去调查员工的具体工作，是临时工作要求加班，是低效率导致的加班，还是刻意为了拿到加班费选择加班，公司联合调查，真相很容易呈现。

无论哪一种情况导致的加班，加班数据已然呈现。你多拿了多少公司的加班费，企业人力资源部和本部门领导一定已经记录下来。试想如果到了公司调薪阶段，你还有多少把握可以拿到较高的涨薪。我想这是对等的，企业领导也许会认为你的加班费已经拿够了你来年的涨薪份额而选择不给你调薪。

精打细算是一件好事，但千万不要与企业打着自己的如意算盘。不要因为一时的短浅目光，放弃了原本属于自己的美好发展。

毕业3年，时间不长也不算短。说长比不过工作几十年的前辈，说短比得过仍在象牙塔成长的大学生。毕业3年遭遇过他人冷眼和怀疑，也得到过他人的肯定和赞美。一路走来虽不说那般精彩绝伦，但也算过得像模像样有滋有味。以上五点经验，希望对大家所帮助。

{ 敬业才是职场中
取胜的法宝 }

十多年前，我经常在深圳一家杂志上发表文章，是那家杂志的老作者，后来，那家杂志社招聘编辑的时候，我应聘，很快接到了试用的通知。于是，我前往杂志社上班。

那个时候，电脑还不普及，我写稿子还是用稿纸写，根本不会打字。到了杂志社编辑部才知道，大家都会打字并且打得非常熟练，大家都把那些写在稿纸上的来稿中的优秀文章输入电脑，然后打印出来，每个月给领导统一送审。

当时有六个在试用期的编辑，但是，最终只能正式录用一名。别的不说，那五人已经精通打字了，看着他们手指在键盘上翻飞，电脑显示器上出现一排排的方块字，我羡慕极了。

每天，除了中午吃饭的时间，我都在练习打字。俗话说"在游泳中学习游泳"，我用来练习打字的都是来稿，输入后可以打印出来送审。

杂志编辑每个月的工作其实就是送审稿件的前几天以及终审结果出来后的几天比较繁忙，其他的时间还是比较清闲的。我到杂志社不久，我们社长实行人性化管理，规定编辑周一、三、五上班，二、四以及周六、周日不上班。其他的编辑包括那几个试用期内的编辑都非常高兴，这条上班制度颁布的第二天是个星期四，其他编辑齐刷刷地都不来上班了，只有我一个人骑着辆二手自行车汗流浃背地一路奔波到杂志社上班，到了工位上就闷头在电脑前打字。杂志社的广告部和发行部都是正常上班的，并且我们都在一个大办公区内办公，我也像其他两个部门的同事一样，坚持五天制上班。

经过一个月的刻苦练习，我从一个不会打字的人变成了每分钟可以打一百多个字的人，以前一上午打不完一篇千字文，一个月后，我已经进步了很多。

我不但疯狂地学习打字，还疯狂地在网上约稿，当时很多大大小小的文学网站、撰稿人网站都被我贴上了约稿函。很快我的作者队伍就壮大起来，可供我挑选送审的稿件自然水涨船高地多了起来。

第二个月，我已经赶上了那些老编辑的平均上稿量，第三个月，我已经超越了那些老编辑的上稿量。三个月的试用期结束后，和我一起参加试用的那五个新人全部被淘汰掉，只有我一个人留了下来。

这并不是说我能力多出众，只是我比那几个人要勤奋、要敬业而已。

后来我改行进入一家广告公司做策划。隔行如隔山，我这个门外汉初进广告行业自然十分艰难。

一次，我遇到一个特别难缠的客户，他是一家公司的老总。这个老总生意做得大，脾气也大，以挑剔出名。我们公司给他看的策划书，一般都被他猛批一顿然后退回，惹烦了他，不但策划书被退回，与他直接接触的策划人员也得换人。公司已经换了三个策划人员了，第四个安排的是我。我就不信这个邪，这个老总否决我的策划后，我干脆把笔记本电脑带上，在他们公司的小会议室里按照他提出的意见修改策划书。那天，老总连续提出了六次修改建议，我在小会议室连续修改六次，中午饭都没有吃。当我把第六次修改完的策划稿呈送给老总看的时候，老总说道："我不看了，我们公司这个新产品发布的策划交给你做肯定错不了，你的敬业精神让我非常敬佩，我会给你们的老总打电话，希望这个策划书上的内容由你具体负责，这样，我才能够放心……"

因为勤奋因为敬业，我不但很快在陌生的广告行业里站住了脚，而且业绩优异。

由于IT行业平均薪资比较高，偶然的机会，我从广告行业转行到了IT行业里，在一家IT行业公司的人力资源部负责招聘技术人员。

虽然"隔行如隔山"，虽然又站在一个陌生的行业面前，虽然我不认识任何一个技术人员，但是，我没有一丝的胆怯，我坚信只要勤奋只要敬业，没有干不好的工作。

我在网上通过QQ搜索，申请加入了很多有关的技术人员的QQ群，然后我把群里的一些人员加入我自己的QQ好友里，通过这种方式，我很快与两千多名相关的技术人员建立联系，我的五个QQ都加满了。后来我与这些技术人员单独交流，很快筛选出刚离职或者准备离职的专业人才，这些人才是我们需要的。这些人又不断地给我介绍他们的同事或者同行业的朋友，我的人才库的储存量越来越大，给我们单位提供的人才越来越多。因为敬业，我很快成为我们公司优秀的员工；因为敬业，我后来被提拔为公司人力资源部经理；同样因为敬业，我被老总提拔到现在的职位——公司副总，负责公司的人力资源、行政以及仓库的管理。行政工作和仓库管理我以前没有接触过，但是，同样是因为敬业，因为专心研究，我把这两项分管工作也做得很好。

从一个普通作者到一家著名杂志社的编辑，再到业绩优异的广告人，再到IT行业的管理人员，每一次的角色转换我都没有紧张胆怯过，因为我始终坚信，敬业才是职场中取胜的法宝，并且我相信，敬业的人其实并不多。当你带着敬业精神走上职场之路的时候，你会觉得很平坦，你会觉得很宽阔，你会惊奇地发现，由于"敬业"的人不多，这条路上一点都不拥挤，你走在这条路上非常轻松，非常快乐。

{ **别让你的懒
成为一种习惯** }

[1]

"拖延症"是我们现在常挂在口头上的一个词，现在社会崇尚高效率的运转，而很多人却被"懒惰"包围。

其实有的时候我们会发现，我们的懒惰其实是我们会选择去做简单的事情，会选择去做一些我们很明确知道过程和结果的事情。

就拿我自己来说好了，我之前好一阵子都在琢磨要不要考研，非常勤奋地报了班，上了课，每天早六晚十，连吃午饭的一个小时都恨不得要睡着。然而上完课后的两个月内，我再没碰过考研书。每次一打开书复习知识点，看完第一页翻到第二页就会觉得自己已经看了好久了，应该休息一下。可是看看时间，明明才不过二十分钟，却像过了两个世纪。

当我看到别人在睡觉而我居然还在看书的时候，会油然而生一种特别的感觉，那种感觉叫"哇，我好勤奋"。其实也就比别人多看了两行字而已，仅仅两行字，总让我产生错觉：我很勤奋。

所以，懒惰久了，努力一点就觉得自己在拼命！

[2]

可是这样的状态并不是在努力，而只是在找事做。满满当当的事情做完，自己把自己感动得一塌糊涂，然而却根本没有什么意义。

懒惰会让人上瘾吗，我觉得是不会的，懒惰只是让你找到了一个不费脑子不费精力的方式来过日子。

但是怕就怕，有朝一日你习惯了这种生活状态，而忘了自己处于懒惰当中。

因为一切让人舒服的东西都会让人上瘾。

就好像上面说过的，感动自己。因为那些感动自己的小细节，会给你很强的满足感和成就感，所以你开始对这种感觉上瘾，而忽略了其实你真的没有那么努力，你依旧懒。

为什么你明明知道自己懒惰却没办法控制自己，那是因为你已经习惯了这种状态，一旦养成是很可怕的。

[3]

当有一天你甚至已经懒得去思考，思考自己为什么懒的时候，就真的完了。

我妈经常说，越懒越懒。我觉得真是有道理。因为，无论你有多好的天赋多强大的梦想，一个懒字足够毁了你。

从今天开始，临睡前坚持看20分钟的书吧。

只要二十分钟就好，看完你就去睡。

［认真负责地对待工作］

每天坚持走十分钟的路吧，上下楼也行，一定走起来。

买个闹钟然后每晚把手机关机吧，你需要优质的睡眠，不要被电子产品包围。

每周收拾一次屋子吧，不要在下午起床，晚上吃早饭了。

不要懒得去思考，不要求你想那么多，但至少，想想怎么让自己变得更好吧。

舒适的环境让人上瘾，那你就自己创造舒适的环境再上瘾，也不迟啊。

{ 职场生存法则，你知道多少 }

成年人的生活里确实没有容易二字，你想要证明自己、想要获得认可就需要摸索并掌控职场社会的生存法则。

[拒绝"差不多先生"]

当你接手一项工作，其实是获得了一次机会证明自己的能力。如果你能一次做好，就绝不要等事后返工。

而"完美"的前提是要先搞清楚这项工作的关键是什么？工作不是爸妈叫起床，只回答"好，这就去！"就行了。

是现在马上要，还是可以有多一些时间准备？

是需要完整资料，还是大概内容就好？

对于预算数字，是以万元为单位，还是以元为单位？

因此要在工作中成为值得信赖的人，一定要记得问"5W"（为何、何时、何事、何地、何人）和"2H"（如何、多少）。

否则如果在一知半解时就开始工作，很可能应该以时间为优先的事，却因为追求品质而耽搁，努力错了方向，只会得不偿失。

［千万管好自己的嘴］

不论你本身是不是一个性格开朗、直言爽快的人，在职场都必须要管好自己的嘴巴，千万不要在背后去议论一些是是非非的事情。

记住墨菲定律"你担心的一定会发生"。无论绯闻或者恶评，总有一天会传到主人公的耳朵里。

讲话一定要注意场合，不要什么人在场都毫无顾忌地说，当时可能可以博他人一笑，但实际上你已经走入了说话"七宗罪"的漩涡。

［反驳对你毫无帮助］

世界上有两种事情不需要任何技巧的——"花别人的钱"和"反驳一个观点"。有的人被骂会不管不顾地立刻奉还10倍攻击。但真正的聪明人会在释放自己的反驳前，深呼吸3秒，想一下自己的谈话目的。

如果你的目的是加薪，那就虚心接受老板对你工作的建议和评价。

如果你的目的是完成项目，那就耐心仔细地分析对方言语中透露出的需求到底是什么。

如果你的目的是解决问题，那就从对方的角度看一看问题到底出在哪里。

［永远只做选择题］

对任何人做方案陈述时，最好提前准备两三个完整的方案，让对方从选项中做出决策，而不是对着一个方案直接说是或否。

要脱颖而出，就要比别人想得更全面，比别人看得更远，比别人更理性。从零到一或许很难，但如果你的方案能从一到三也足以让你被人刮目相看。

另外，在阐述方案时尽量脱稿，说话时把身体倾向观众，而不是大屏幕。最好尽可能地把注意力集中在观众上，让观众感受到你的情绪。

[一次只走出一小步]

如果你想让老板或同事接受你的建议，并指望他立刻签字答应这项计划，那实在太极端了。就好比你从向他寻求帮助，一下子变为向他下达指令，从咨询变成了通知，相信任何人尤其是老板都会难以接受。

通过采取"一个大变化，一个小变化"交替汇报的方式来增加沟通的频率和效率。一次会议只讨论一个最紧急的项目以达成一个新变化——而其他的创新计划，就留到下次再讨论吧。

如果当你提出新想法时，被老板或客户当场无情打断的话。你就需要调整"向上沟通"的方法，不要将新想法作为你独立的创新引入，相反地，要将这些想法补充在对方已经提议的一些做法之上。

比如咨询完主管建议后可以说："我听到您的建议后，这让我有了一个思路……"。如果的你思路确实正确，一个明智的领导会采纳你的思路并补充更好的细节。

{ 那些听起来很简单的
道理，你做到了多少 }

［1］

一位厨师告诉我，好吃的东西，吃得越多，吃得越猛，回味就越少。好吃的东西，如果你仅吃一小口，细细地嚼，慢慢地品，却能回味悠长。

厨师说，幸福的人，不是得到的幸福多。幸福的人，哪怕是上帝仅给他"一小口"幸福，他也会极为珍惜，细细地嚼，慢慢地品，让幸福回味悠长，弥久留香。

［2］

一位富人告诉我，他家院子里有一块菜地，那些菜都是他种出来的。

一位富人，有的是钱，想吃什么就买什么，何苦自己去种菜呢？富豪说，种菜，不只是为了吃。

富人这句简短的话，让我想了好一阵子。有多少人，付出了，就想回报，就想得到，却从来没有想过，在付出中陶冶性情，感受快乐。种菜，也是一种修行。

[3]

一位射击教练告诉我，瞄准目标后，扣动扳机的手指不能太用力，否则，在你扣动扳机的一瞬间，会使枪支发生晃动，从而使子弹偏离目标。

教练说，在追求人生目标的过程中，如果我们太注重手法和手段，在这方面太用力、太投入、太做作、太造势，反而会使我们偏离人生的目标，而无法实现人生的成功。

[4]

一位作家告诉我，人很多时候，灵魂都不在自己身上。

一个人的灵魂不在自己身上，又会在哪里呢？

作家说，在外在的诱惑上，很多人就是这样，一看到钱财，灵魂就落到了钱财上；一看到权势，灵魂就落到了权势上；一看到名誉，灵魂就落到了名誉上；一看到了美色，灵魂就落到了美色上。他们的灵魂整日在外游荡，失去了属于自己的家。

怎样才能让灵魂回到自己的身上，回到自己的家呢？

作家说，去修养我们的灵魂，让我们的灵魂修养得美丽如花，芬芳如花，让我们的灵魂不被外物所干扰、所迷惑、所诱骗。

[5]

一位化学老师告诉我，至今为止，人类发现的元素是118种，发现的物质有3000多万种。物质是由元素组成的，也就是说，118种元素，组成了3000多万种物质。有限的118种元素，却创造了一个无限的世界。

化学老师说，物质是可以创造的，世界是可以创造的，是可以"无中生有"的。同样，人生的事业和财富，也是可以创造的，也是可以"无中生有"的，可以用有限的条件，创造无限的可能。

[6]

一位植物专家告诉我，绿豆发芽时，那芽苞上还顶着破了的绿豆壳，像是芽苞戴的一顶帽子。这说明，绿豆发芽，是破壳而出的。不只是绿豆，很多种子发芽，都是破壳而出的。

植物专家说，种子播进土里，在黑暗的泥土中，种子有两个选择：要么让黑暗埋没自己，腐烂；要么在黑暗中打破自己，让生命破壳而出，获得新生。当人生遭遇黑暗，我们又该如何做好选择呢？

[7]

一位花农告诉我，夜来香不只在夜间有香，白天它也是香的。

既然白天也有香，那么为什么叫夜来香呢？

花农说，因为白天很少有人能闻到它的香味，只有在夜间才能闻得到，所以叫夜来香。

夜来香白天也有香，人们为什么白天闻不到呢？

花农说，因为白天的"香"太多，诱惑太多，人们沉迷在形形色色的"香"中，又怎么能闻得到夜来香的香呢？

[8]

一位朋友告诉我，水银在玻璃的另一面，筑成一道屏障，不让光线通过。然而，正是这道屏障，这道拦住玻璃光芒的屏障，成就了玻璃，让它成了一面光芒四射的镜子。

朋友说，是谁让玻璃成了镜子，正是拦它、阻它、挡它光芒的水银。所以，拦你的、阻你的、挡你的，给你设置障碍的，有时恰恰是一种成全，让你拥有一份意外的收获。

[9]

一位励志学家告诉我，假如星星没有遇到黑夜，我们就看不到星星的光，看不到星星的美丽和璀璨。星星的美丽和璀璨，是黑夜给的。

励志学家说，假如你正遭遇人生的黑夜，说不定，这黑夜，正是让你发出光、展示美、拥抱人生辉煌的一次机遇，一次考验。

[10]

一位猎人告诉我，他之所以喜欢打猎，是因为他喜欢猎物。

喜欢猎物，又为什么要杀死它呢？

猎人说，不杀死它，又如何得到它，又如何得到自己喜欢的东西呢？

世上有一种爱，不是爱，是喜欢，犹如猎人喜欢猎物，他们因喜欢而侵占、掠夺、伤害、摧残，因喜欢而扼杀爱，葬送爱。

{ 所有人都能做的工作， 是不"值钱"的 }

[1]

今天，一个姑娘问我招不招人，她暑假想找份工作，磨炼自己。

我对她印象很好，热情、诚恳、善良、谦虚，而且挺努力。不过，我这边缺负责VI设计的兼职，而她似乎对这类的软件不算擅长。

我婉言拒绝她，她显然有些失落。但她或许没意识到，她所在的时期是人生的黄金时期。她的时间完全属于自己，无须为了金钱而把时间花在产出上，可以把全部时间用来学习和输入。这是让很多上班族羡慕不已的。

我建议她趁着假期，多多提高技术水平。

我跟几个不同领域的技术"大神"接触过，本以为他们接受过专业的训练，问过才知道，人家是自学的。

一个很擅长设计的姑娘，从中学开始就自学PS、AI等软件了。还有一个比较传奇的工程师，初中没毕业，靠着自己对编程的兴趣和追求极致的个性，从小公司做起，一路披荆斩棘，一次次破格进入大型互联网公司，甚至拿到谷歌的职位，现在在自己创业，也是风生水起。

你找不到高薪的工作，不是因为你不够诚心、不够努力，而是因为你没有核心技能。

[2]

朋友刚开始创业的时候，很天真，说要招很认可他的品牌的忠粉，哪怕是零基础的"小白"也没关系，可以一点点学，跟着品牌一起成长。他要做一个能帮助员工成长的老板。

过了一个月，他摇着头跟我说，不招"小白"了，不招应届生了，要招有工作经验的。

"小白"什么都不会，什么都要教，你稍微严苛一点就玻璃心，不太好用。

除非是有管培生的大企业，在普通的公司里，上司每天有很多事情要处理，真的没有那么多时间去手把手教谁，顶多只是你交上成果了，上司指导你几次。

好的老板是应该帮助员工成长，但前提是，员工本身已经能提供一定的价值，老板指导你将价值放大。

最近在看《穷爸爸，富爸爸》，里面提到，对企业主来说，培养雇员投入产出比是比较低的。公司将你的能力培养起来后，你可能会跳槽去寻求大的平台。

吸取了教训后，我的朋友更倾向于花更多的钱，招已经具备了核心技能的人。

从一步步教"你要这样做…"到只需交代做出什么效果就行，自然是省心了不少。

[3]

"我不知道自己擅长什么。"

"我不知道自己能做什么。"

"我觉得自己一无是处。"

······

我常常听到这样的话。很多人不知道自己擅长什么，该培养什么核心技能。

就像文章开头的那个姑娘，我告诉她我这边只缺视觉方面的兼职，她对我说：我去研究一下PS。

我向她解释，PS只是一个举例。你要钻研的核心技能，是由你而定的。

你的核心技能，应该是你喜欢或者擅长的。起码二者占其一，两者兼得就更好了。

在我看来，很多人不是一无所长，而是他们没有意识到自己的优势在哪里。

前几天，和一个朋友吃饭，她也说不知道自己擅长什么。我和她一起分析，她最爱聊的话题是各种化妆品、护肤品，用过的各种瓶瓶罐罐也够写几篇文章了。她还跟我聊起，网友追捧的某个美妆博主分享的小知识，在日本某位大师的书里都有。

这些都说明她对这个领域的了解，已经超出了普通人的水准。所以，这就是她可以进一步挖掘的地方。

如果你不知道自己擅长什么，可以想一想自己业余时间喜欢干什么，或者跟朋友聊聊，也许就能发现你的优势。

[4]

我以前还有一个根深蒂固的想法，就是人不能有短板。

其实，在这个分工越发明确的社会，木桶理论一定程度上已经过时。现在，市场更看重的，是你的长板。

我是一个内向的人，跟人交流会消耗的我的能量。而以前的我为了"锻炼"自己、"挑战"自己，常常故意去做自己不擅长的事情。去参加聚会，去看大量沟通和演讲方面的书，甚至我的第一次应聘，面试的是销售岗。

以前的我以为，所谓有能力，就是全能，不能容忍自己有短板。我考了不少证，但事实证明，那些听起来高大上、报名费很昂贵的五花八门的证书，并没有发挥太大的作用。

如果你考证是为了精进自己的专业水平，那么尽管考。如果你只是期盼着证书作为你就业时的筹码，那么大可不必。

在不擅长的领域几番折腾，我自然是挫败感十足。后来才慢慢想通，与其费力去弥补短板，不如将自己的优势打磨得无可替代。

我擅长写作，长期写杂志稿，也写企业的公关稿，如今写公众号文章，不需要长袖善舞，也能有着不错的收入。

有人很会写PPT，百来块钱一页，一份报告就能收入四位数。

有人很会写稿子，具备全案能力，一篇行业稿八百元，业余也能赚个几千块。

有人擅长商务对接，将供需方对接起来，中介费用也很可观。

高考刚过，填志愿的时候，人人都想填经管类；毕业季一到，人人都想进"投行"、进"四大"。似乎进了中文系、哲学系、物理系，就与高薪无缘了。

认真负责地对待工作

其实，并不是只有金融业才赚钱。如果你在一个行业做精做专，做到无可替代，照样能获得不菲的收入。

与收入成正比的，是你的不可替代性。

[5]

如果你还是学生，时间充裕，一定要把握这些时间，发掘你的核心技能；如果你已经工作了，也要充分利用工作时间和业余时间，提高你的专业水平。

所有人都能做的工作，是不"值钱"的。你将自己的核心能力打磨得无可替代了，自然会获得更多。

{ 事都没做对，你还想把它做好 }

今天的文章来自后台一位读者的提问：

我刚参加工作不久。当时面试进入这家公司很不容易，这家公司在行业内也蛮有名的。我被分配到一个项目组里，老大和同事人都不错，每天也有人教我一些东西。公司定期会有培训，感觉自己要学习的东西特别多。我渐渐觉得压力很大，分配给我的工作我都尽量认真做好，想给大家留下一个好印象，但是总是不得要领，总犯低级错误。看到周围跟我同时期进来的人已经开始做一些小项目了，我还是原地踏步。我有时候觉得好急，可也不知道该怎么办，我是不是太笨了？

首先我想说，你一心想把事情做好的这份心很值得赞赏。比起我见过的很多跟你差不多年龄却已经开始每天想着怎么在工作上偷懒混日子的人强多了。

其次，我猜你可能还没有掌握这份工作的要领，或者说，还没有熟悉你真正的岗位职责。

我说的岗位职责可不仅仅是招聘面试上写的那一段"岗位要求"的文字。

先说个身边的例子。我有个朋友，她的第一份工作是做助理。她的老板是一个典型的雷厉风行的女强人。初进入这家杂志公司的时候，她每天都提心吊胆，生怕自己做错了什么事情。这个情景很像电影《穿Prada的恶魔》里的剧情。有一次老板的女儿过生日，安排她去订一个生日蛋糕，她顺手订了一个巧克力口味的。结果不巧，老板的女儿什么口味都喜欢吃，唯独不喜欢吃巧克力口味的。她在订蛋糕之前并没有询问口味的喜好，更不要说蛋糕尺寸的大小，蜡烛要几根，是否要加特殊的食材等。最后的结果是蛋糕已经订好，生日会也已经准备就绪，木已成舟只能"顺"水推舟。

那家公司在招聘面试上写的岗位职责，可绝不会写"帮老板订生日蛋糕"这种事情，但实实在在发生了。而她犯的错误其实很多职场新人都容易犯：做事会按照自己以往的风格习惯来，而不是适应职场上的"新习惯"。我猜提问的这位读者，你在每天的实际工作中也经常碰到类似的问题。

想把事情做好没错，但是在做好之前有个大前提，叫"先把事情做对"。刚开始工作的头一两年，更多是需要熟悉自己的岗位、公司和同事之间的规则。这种规则有人情世故，有职能划分，有效果评定，有奖惩规章，还有公司文化等。在完全掌握这些规则之前，尽量先让自己把事情做"对"，做到六七十分，再去想怎么做到九十分甚至一百分。

一步登天青云直上的人有，但这就跟摸彩票一样是天时地利人和的结果，可模仿性很小。况且，人家背后所付出的艰辛也远远超过你的想象。

虽然我不知道你具体在实际工作中遇到的是怎样的困惑，但有一些"习惯"我觉得越早养成会越好。

1. 把过去不好的习惯全部清零。

都说初入社会的新人是一张白纸，这个说法我觉得有待商榷。如果说工作经验，确实是一张白纸；但是在为人处事上，就绝不是白纸了。许多在读书时期养成的习惯，会对以后工作和生活造成巨大影响。而有些不好的习惯，越早戒掉越好。

比如说，以前都是家长父母围着自己转，做事很少求人。但在工作中，大家更多的还是凭实力说话，你过去的"优势"很可能在你入职的第一天就荡然无存。当你问旁边同事一个简单问题的时候，很可能对方都不理你，这种落差带来的挫败感很可能让你觉得周围的环境和自己格格不入。

比如说，以前你是个品学兼优的好孩子，年年都是奖学金小能手。但是在实际工作上，你却发现连一份简单的Excel表做了十遍都达不到要求。这个时候你很可能会觉得是老板看你不爽，故意给你找碴儿。

再比如说，老是给你安排一些打杂的工作。就我所在的广告公司而言，很多刚来没多久的实习生新人，日常工作基本上都是：订一张机票，贴组里成员报销的发票，订一间会议室，发一封会议邀请通知，给到公司的客户买10杯星巴克的外卖等。这个时候你很可能觉得一点成就感都没有，觉得自己大好的才华和抱负都被埋没了。

这些都是我曾经遇过或者听到过的故事，我自己也或多或少经历过。但是现在回头再来看，当时如果早点避免以上这些想法我应该会成长地更快。

除非你有出类拔萃的本领，能够解决大家都不能解决的问题，那么别人围着你转才说得过去。

一份Excel表格背后的学问大得很。它的用途，查看它的人群，背后的目的和用途，你是不是都了解清楚了？这可不只是纠结这一栏的数字应该放在左边还是右边，用红色还是紫色。

如果连一份打杂的事情都做不好，没有人敢把更重要的事情交给你。很多你现在仰望的人，最初很可能都是从一份前台的工作开始做起。

把姿态放低一点，才会有人愿意教你。多学会一点隐忍，才会有厚积薄发的可能。无论在学校多么厉害，刚工作的时候大家的起跑线都是一样的。每个人都喜欢和谦虚的人一起工作，尤其是新人。

2. 养成多问问题的习惯，并且一定要记下来。

很多时候没人有义务主动去教你，但这不代表你就可以每天坐在位置上无所事事。

新人可能觉得自己问的问题很可笑而不好意思去问，比如"这个发票应该怎么贴？""这份文件应该怎么保存？""这台打印机应该怎么用？"。

但比起那些因为不知道怎么处理而造成工作中更多不必要的麻烦（比如我曾看见其他组的新人在公司重要会议上因为不知道怎么用打印机扫描文件而耽误了所有人的时间），你还是越早弄清楚越好。

大多数职场中的同事，都是很友善的。只要你不是摆着一张"我是女王""我是明星"的娇傲扑克脸，客气地去请教，大家都是愿意教你的。

这时候我强烈建议你随身带一个小本子，把对方说的答案记下来。这样做有两个好处：

1. 口头的话语往往是零散不成系统的，当时说的东西很可能过一阵就想不起来了。拿笔按要点记下来，等对方说完之后再重新确认一遍，确保万无一失。

2. 好记性永远不如烂笔头，这么做避免了以后遇到同样的问题再去询问对方。虽然大家都很友善，但同一个问题没有人喜欢一直回答。

我刚开始工作那阵，在办公桌上一直有一个小本子，每次做错事情都会记下来，做错的原因，以后怎么避免，再遇到类似的事情怎么处理，等等。这本子我用了两年。

每个人都会犯错，但同样的错误不要再犯第二次。做到这一点，给你非常加分。

3. 察言观色不是世故，而是情商。

职场中的沟通技巧非常重要。对于新人来说，懂得观察和分析对方的言语，揣摩背后的情绪变化，是最先应该学会的。

我的一位同事，最近想招一个新人。面试的几个人中，有一个小朋友非常有"热情"。面试完毕后不断在微信上询问我同事觉得他怎么样，并且一再表示非常仰慕这家公司，希望能够将自己的青春"奉献"给这里。

首先，他的诚意确实很足，任何公司都希望能有充满活力的新人加入。

但是，招聘并不是今天面试明天就能确定的。任何招过人的人都知道，这其中有用人部门的评估，应聘者的筛选和对比，向更上级的汇报等。那些大的公司，招聘流程走一两个月是很正常的事情。这段时间，能够做的就是耐心等待，同时可以寻求其他的面试机会，多方对比。特别是在我同事已经三番五次明确表示"请耐心等待，公司流程会比较久一点"的时候，还一如既往地发大段的信息表明自己的"雄心壮志"，希望以此打动招聘人。

对不起，这样打动不了任何人，只会让人觉得厌烦。

如果最基本的察言观色都做不到，你连把一件事情"做对"的机会都没有。

最基本的察言观色包括：

1. 对对方回复文字的情绪判断。如果每次都是简短的几个字回复，很有可能对方在忙。如果有比较复杂的事情要说，可以约个时间再聊，而不是发一段文字或者语音过去。

2. 当发现对方讲话的语气和平时有差别时，一定要多留心眼。很多人讲话都会有特定的习惯，比如喜欢使用某些语气助词等。当你发现有一天突然对方和你沟通的话语里这些习惯都荡然无存的时候，一定要留心是否发生了什么事情。无论和你有没有关系，都不要像以前那样随随便便说话。注意措辞，就事论事，不要妄加猜测和臆断。

3. 不要随意打断正在讲话的人。即使你突然灵光一闪，即使你不同意对方的一句话，也请等对方全部讲完再一一回复。这是基本礼貌。

4. 当对方的答复和你所期望的回答背道而驰时，不要强加自己的思想给

[认真负责地对待工作]

对方。可以采用迂回的策略去探究对方拒绝你的原因，而不是纠结"你为什么拒绝我"或者"求求你答应我吧"。这么做只会激化矛盾。从原因入手，从下至上逐条分析，找到反驳或者突破的点，有理有据地说服对方。

以上三点是我个人经验的一些分享。虽然不能帮助你马上变成耀眼的新星，但起码能够帮助你少走很多弯路。还是那句话，只有把事情先做对了，你才有机会把事情做好。

踏实是最快的成功方法。

坚定自己努力的方向

你要记住，
今天就是你余生的第一天。
从现在开始，
现在就是最好的时机。
调整你的态度，
重启你的人生。

只要不放弃，
随时都能"轮回"

[1]

我到现在还记得，那年夏天的傍晚，我吃过饭之后，拉着克莱德先生，提着大包小包和小马扎，到门口的夜市上摆摊。

在那之前，我采访了一个利用业余时间摆摊的白领，一直想要试试看，我想看夜市上川流不息的人群，想看谁会来跟我讨价还价，又会用什么样的语言，想看我会遇到什么有趣的故事……

心急火燎地吃过饭，带着兴奋出去摆摊，带着疲惫收摊回家，成交量总是少得可怜，这是我生活的经验。每天睡觉前，我还写一会儿摆摊日记贴在网上，后来被南京一家报纸整理整版报道。

后来，因为济南要开全运会，摆摊成了不可能的任务，干脆算了吧。

那些衣服后来在淘宝上又卖了一段时间，不温不火，但是认识了一批特别好玩的女性朋友，天南海北，到现在仍然有联络。我们看着彼此结婚，生子，成了另外一番模样，也很有趣啊。

[2]

如今让我再去做这件事，大概因为已经尝试过了，没了兴趣，还有一个重要的原因是，我有了更想做的事。

彼时，我工作四五年，结婚两三年，一切看起来很稳妥却又有说不上来的乏味在涌动，总想再增加一点什么有趣的新鲜元素，因为一下子找不到，所以就开始什么都去尝试。

那时候我也在写东西，给杂志策划选题，也写短篇小说。但是总觉得，写字是一件业余的事情，或者说，我是一个很业余的作者，没有用全部的精力去投入，去付出。大概觉得自己的才华还不足以支撑起"写做梦"，也就不敢太用力，生怕投入太多，伤得越深。

难道你不是吗？

你喜欢一件事的时候，从一开始就能全情投入地去追求去付出吗？你喜欢一个人，就会毫无保留地去热爱去投入吗？如果答案是"是"，那么，你真的是勇士，我非常钦佩你。

而实际上，更多的人，最开始试探，自我质疑，是不自信的，容易浅尝辄止。

因为不太确定自己能做到什么程度，生怕投入太多用力太猛，最后却收获失望。

那时候我当然也用心写，但是我不用全身心投入，所以偶尔稿子刊登了我很开心，被"毙掉"了我好像也可以笑着说："反正我还在做别的啊。"这其实是在给自己找借口，找台阶。

七年前的我，就一直梦想着以写字为生啊，只是，不敢当众承认罢了。

[3]

2009年深秋，我一个人上了飞机，去厦门。克莱德先生在那里出差，说我们可以转一转。

我还记得到达机场的时候是黑夜，一个人出来打车连地址都说不清楚，中间打了好几次电话，才终于兜兜转转找到他住的酒店。那个房间很差，就在高架桥的下面，我一整个晚上都没有睡好，总能听到飞驰的汽车穿梭在头顶上方的声音。

第二天我们去鼓浪屿，在那里住了两三天，像所有旅客一样，这里走走，那里看看，听了很多故事，也知道了很多传奇。

关于2009年，我能记得的还有：

离开厦门时是中午，我们在公园的草坪上吃完面包，我打车去机场，然后一个人飞回济南；回到济南之后，我一个人住了好多天，一个人去看过一部电影叫《第九区》，那里面的外星人长得像是大龙虾；我曾经在天气晴好的时候，骑着自行车跑去郊区的农田转悠，像小时候那样骑得飞快，头发都飞扬起来……

七年前，我是一个迷茫的年轻人，是一个结婚几年的女人，是一个工作平稳的女性，是一个正在尝试寻找自己，却又还没有完全认识自己的女子。

[4]

如今我再回头去打量，觉得那时候的自己还不错，但是，现在的我，好像更好一些。

那时的心情我依然可以时不时地感受到，那些独自背包去旅行的勇气我也依然有，那些享受一个人的电影、一个人的午餐、一个人的时光的淡定心情，我从未丢弃过。

更重要的是，我穿越了七年前那些在我面前的迷雾，我不需要再去做各种尝试，我知道自己喜欢什么，甚至，我知道自己是什么样子的，我想成为什么样子。

这种感觉，何止是好啊！

我很喜欢《傲骨贤妻》在第七部的大结局。艾莉西亚在这七年间，脱胎换骨，从一个站在锒铛入狱的丈夫身边灰头土脸不知所措的家庭妇女，变成了神情笃定自信洒脱的独立女性。

在这七年里，她吃过苦，流过泪，遭人背叛，也曾经处心积虑地算计过生活，可是，她终究一步一步，踏着荆棘之路，踏着血与泪及尴尬的笑容，走了过来，走到了河流的另一边，哪怕不是功成名就，哪怕不是家庭美满，她是她自己想要的样子，是她自己生活的主宰者，是她情感的最高主人。这已经是巨大的成功。

孩子终将长大，然后远走高飞；爱人也许并不能白头到老，中途退场也未可知；工作有时候特别顺利，有些时候遍布泥坑；更不要提，那些势利的人们，在你春风得意的时候涌上来，而在你失意的时候立刻遁形……所以更要活得漂亮而起劲啊，所以更要自信而坚强啊，所以更要有力而恣意啊，因为无论什么时候，你活得漂亮，你的生活才漂亮啊。这才是最重要的。

总是有人悲戚戚地说，自己没有获得想要的人生，是因为出身不好，因为学校不好，因为工作不好，因为爱人不好，因为……说到底，还是因为你自己不够好。

如果你足够努力，足够有勇敢，足够奋发，七年就是一个轮回，你如今的悲悲戚戚，完全可以变成七年后面对困难尴尬也不会狼狈退场，而是哈哈大笑。你会是更好的自己。

不信，就试试看。

{ 工作时间你如何度过
决定着你是下属还是领导 }

会不会，每当公司临时有急事，不得不加个班的时候，你牢骚满腹，计较有没有加班费，或者抱怨给的加班费不够多？

又或者，加班的原因并非由于工作量太大，而是因为你平时一直拖拉懒散，拖到了最后关口才慌了？然而，即便如此，你仍然对现在的加班感到不满？

与加一次班就"付出感"强烈相对应的是，平日里，一天的工作时间如果是8小时的话，你真正能有效利用的绝不会超过3小时，剩下的5个小时，你要么在干私活，要么在斗地主、上淘宝或浏览一些毫无意义的网络资讯，要么，干脆在跟别人进行毫无意义的闲聊。

然而，当你为了一点加班费斤斤计较的时候，你丝毫不会觉得，在上班时间干私活的日子里、在每天的工作时间只被你有效利用3小时的日子里，你应该退还一部分"欠班费"给老板。

如果你自己不是这样的人，你身边也一定有这样的同事。如果你是企业高管，而不是普通员工的话，那你身边也一定有这样的下属。

这就是一些员工平时对待工作的态度。

然而，反观公司的高层，则完全是另外一副样子。

他们的工作没有加班费，然而，在大多数情况下，他们不会把加班当成一种负担，他们觉得这是"义不容辞"的。甚至，在很多时候，为了把工作做得更好，他们还会给自己增加工作量——即使他们不这样干，也没有人说什么，但他们还是会自我加压。

我见过一些员工，在需要花公款做一件事情时，明明会有成本更低、性价比更高的方案，然而，他们根本没有节省成本的意识，"反正可以报销"是他们常挂在嘴边的一句话。也就是说，在他们看来，"可以尽情地浪费"。相比之下，一些中高层领导不会有这种"任性"，会更多地为公司的利益着想。

要知道，在大多数中小企业里，高层和中层其实是没有股份或期权的。也就是说，他们那么卖力、那么"为老板考虑"，并不是为了追求物质上的报酬。唯一的解释是，事业心在"作怪"。

态度消极的人，哪怕做一件利己的事情，也漫不经心；而态度积极的人，哪怕做一件与自己无关的事情，也能干得有滋有味。

对普通员工来说，如果踏实肯干，不太计较眼前利益的得失，或许能够上升得更快。你如果是个聪明人，应该把那些"分外之事"当成机会、当成福利。态度消极的人跟态度积极的人的差距就表现在这里。

当然，有人会说："我也知道努力的重要性，可我就是做不到啊。"这让我有些怀疑这些人的责任心。

我绝对没有看不起处在"底层岗位"上的人的意思，因为，大学毕业已经快十年了，我到现在也还只是一个"普通员工"，但我并没有因为岗位的普通就浑水摸鱼，让自己的工作状态也"普通"。我在做一个有尊严的普通员工。

你的态度，决定了你的生活。

{ 能力是
你最好的装饰 }

前几天参加一个活动，有位年轻的朋友和我聊天中讲，他跟随领导3年没被提拔，而他的新同事刚来半年就获升迁。他说，从客观角度看，论做人、能力、资历等方面，他是优于这个新同事的，但是新同事来了之后，领导显然更赏识，让他有些不解。

我让他给我看他领导、新同事的照片。我看了后，告诉他，他的新同事快速升迁是必然的！他很诧异地问我何故。我道出了原因，他恍然大悟。

作为一个过来人，我曾经在职场跌跌撞撞、潮起潮落、反复淬火，失去了很多，也错过很多。总结和反思过去，也曾感慨良多。而今我早已看淡一切，顺其自然，无甚奢望，专心做自己。有时遇到一些年轻朋友，和他们交流。多多少少感受到他们在职场迷雾中摸索的迷茫和不易。

我感觉在职场，个人工作能力之外，与领导的关系，是年轻朋友的主要困惑和问题。总结起来讲，无非就是如何认知领导和定位自己的问题。我觉得有必要借此将我的一些粗浅察悟，作以分享交流。

我认为，在职场中一个人要取得长久的成功，必须得满足三个方面的基本条件：一是品德，二是才干，三是时运。这三者中，品德和才干是前提和基础。

品德和才干是完全可以自我修为的，而时运则极难获取。千古以来，从不缺少贤才良将、仁人志士，而能跃然时代舞台、传芳历史的却少之又少。多少人因为时运不济，一生空怀才学，而埋没世间，壮志未酬！

在相同的生存环境、时代背景下，任何一位优秀的人才，都得有他的职场贵人，也就是他的伯乐。一般而言，一个人被上司及时提携，则可以少走很多"原地打转"之路，从而踩上成功的鼓点。

我以为，在品德和才干修为的基础上，年轻朋友应该正确看待和把握时运，这样可为自己的成功，创造更多的"造化"之境。

当然，好的时运并不是人人可遇。一个人突然运气变得很好，遇到贵人或者好事，出现诸如"狗屎运"，这样的概率还是太小。对此，得有一个好的心态，要能正确积极面对。

就像本文开头所说的年轻朋友，他所遇到的困惑，其实从另一个角度看，是他的新同事与他的领导，从外形看，更相仿。新同事长相与他的领导确有几分相像，身材也是偏胖型，气质神采略同，而这个年轻朋友却与他的领导外形相似性差之甚远。

生活的实践告诉我们：人总是下意识地靠近一些与自己相似的人。相貌、外形、气质等相仿的人之间，可以产生良好的首应效应，倘若价值观也很接近，那么，人与人之间的吸引力必定倍增。

我有一个关系非常要好的朋友，前几年在单位处得很不顺，付出很多，却很难得到她所在的部门女领导肯定，工作费力不讨好，工作收获也甚微，而她的一位女同事，业绩平平，却时常得到这位领导赏识，对其信赖有加，部门的很多好事永远好像离不开她。

有次，我无意中看到我这位朋友的一张单位集体合影，是一张几十个人的大合影。我随口问她，哪个是你部门领导？她指着前排右侧一位戴眼镜、圆脸、身体胖的中年妇女说，是这位。她说完后，我看了一遍她所有女同事的照片，然后指着第三排的一位女的，对朋友说，你那位女同事应该是她吧！我这位朋友当时就大吃一惊，对我佩服得五体投地，说确实是她。因为，我从来也没有见过她这位同事和领导。

这是我从她的同事和领导外形相仿中断定的。这位同事不仅与她的领导长相、形态、气质相像，服饰的选择与搭配也相像，有一种主宾之间的呼应。虽然照片中，他们的站位较远，但是这么多相像的要素对应起来，神秘的产生着某种契合。类似这样的契合，很多并不是他们刻意而为，而是一种天然吸引。

作为职场之人，如果不是从事特殊的，专业性极强的工作，或者该项工作非他做不可，除此之外，一般情况下，如果与自己的领导不具有前述的天然吸引，那么自然不能获得更多时运，实现个人更多发展。

因为，领导者有一个重要的使命，就是把追随者培养成为领导者，在某种程度上，他们是教练，是导师。追随领导者的人，必然与之相像。一种情况是，与生俱来、先前所具有的相像，这是一种良好的机缘；还有一种情况是，后来所受到的影响，不断熏陶，或者刻意模仿，从而相像。

如果先前不具有这种相像的优势，其实也不用太着急，从长线效益看，之后其实也是可以改观，甚至获得的。

我讲一个曾经发生在我身上的小事。10多年前，我还在一线工作时，有一年参加单位技术比武，和很多业务素质很高的小伙伴同台竞技。比赛胜出的第一名要代表单位，参加分局全系统技术比武。大家摩拳擦掌，跃跃欲试，一比高下。

技术比武考试分为理论和实作两部分。理论考试完，大家的成绩都比较接近，取胜的关键要看实作考试的成绩。在实作考试环节，因为考试时间调整，我来不及回住所穿工作服，就借了一位小伙伴的工作服，匆忙参加应试，结果我应试发挥并不是很理想，而有几个小伙伴却正常发挥，成绩不错。但是，最后的比赛结果却出乎我料，我取得了单位该项目第一名的比赛成绩，获得单位"技术能手"称号。之后，我顺利参加了分局技术大比武，最终获得"技术能手"荣誉称号。

按照本文所述的情形，我与这个考官面相、外形、性情、经历等没有相似性，并且彼此还不认识。到底是什么原因使得他选择让我胜出？突如其来的幸运，让我不得不思索这其中的原因。

后来，我终于推测到其中的真正原因。幸运是来自那件借来的工作服！

这件工作服与单位的工作服有一些差别，是一所学校的学生实习工装，服装上面有该学校小小的logo标识。而这位考官据我后来了解，就是多年前该校的毕业生。很有可能是考官看到这个工装之后，误以为我也是毕业于这所学校，故而拉近了他的校友情结，无意识中给予一种关照。

当然，借给我衣服的那位真正校友没有胜出，是他的实作考试表现确实没有我好。在我们之间，这位考官选择了我。

讲这件事，是想说明，如果下属与领导没有外形、经历、性情等等天然的相似性，为了增加相似性，完全可以通过其他方面改善。经常可见一些现状，领导的喜好、习惯等，往往是下属模仿和追随的标尺。

当一个下属的神态、性情、爱好等与其领导越相像，就越容易获得其领导的赏识与信任。当然，要获得高级别领导的信任与赏识，价值观的吻合是必需条件。

多年以来，我一直觉得，这种主动吻合领导，形成相似性的做法是一种庸俗的关系学。但是，随着阅历增加，思考深入，我觉得还是要区别对待。如果以这样的形式，获得施展才华的机会和平台，得以更大程度造福社会，助力发展，为国为民服务，何尝不是一种良好的进取行为。

詹天佑曾经说过一句非常经典的话："如要做官，就不能做事；想做事，万不可做官。但官又不可不做。在现在之中国，没有经过朝廷给予你一个官职，你就没有地位，没有人把重要的事给你做。"

研究总结职场的成功人士，基本可以得出这样一个规律：专业性人才，往往是以不变应万变，专业制胜；综合性人才，却是以变化应变化，适应为王。

现实中，距离领导最近的往往是综合性人才，成长最快的也是综合性人才。但是综合性人才有一个致命的弱点：最有用，也最没用。所以，适应环境就是综合性人才的就核心技能。

我认识一位老同志，他在一个20多万人的大国企做办公室主任工作，身居要职，但却能适应不同的领导，10多年的时间居然陪了8任老总，最终功成名就，安然退休。因为，每一位新来的老总，及新一届领导班子成员，他都能应付自如。

每一位不同样式的领导，都能从他这里感受到相似性和默契感，对他信任有加。他就像一位高超的艺术家，扮演着不同的配合角色，认真服务领导、企业和员工，悄然运转着这个大企业持续前行，而他真正的价值观在内心深处却从未改变，做人做事的良知和初心均在。

走过多年岁月洗礼，我的理解，职场对于绝大数普通人而言，就是一个谋生的场所，谈不上能实现安邦兴国的政治追求，辩证地懂得职场的法则，尽职尽责做好职责所系之事，获得必要的收获和报酬，就已经是成功。

总之，平淡和乐观地看待一切，顺其自然，不忘初心，我心光明，则无悔岁月！

{ **你在很牛的公司，你就很牛了吗** }

曾有个月薪三千的女孩子，编的稿件漏洞百出，老板怒拍桌子，她却回了句："一个月三千块工资，你还想怎么样！"琢磨她这话挺有意思，就像我们买了件便宜货，用不了两天就坏了，于是宽慰自己：就花那么点钱买的东西，你还想怎么样？当然，她的潜台词是，你给我八千，我自然就做得好好的。

但问题是，老板付薪水也是一分钱一分货，你必须在拿三千工资时，先体现出八千的价值，老板才愿意买单。

当年我刚入职时工资也是三千，但第二个月就涨到了八千。因为每次老板要的文案，我不仅写到位了，还会拿出两个以上的版本让他挑：一个是按他的要求写的，其他则是我建议的方案。

当时我没有去想很多，只是因为喜欢写作，就会琢磨怎样写会更好；又因为珍惜自己的文字，所以觉得出自我手的文字，都关系我个人的品牌，于是很用心。在我看来，这是理所当然的事，但带过二十多个中文研究生后，才发现这种态度很稀缺。那些比一般人多念几年书的人，竟连自己写的东西都不愿多看一眼，文字、标点、语法的错误触目惊心，对相关的知识背景一无所知，更别说去关心版式好不好看，配图美不美了。

他们关心的是要不要加班，而想做好文字工作的人，是不会去考虑这件事。因为打磨文字所下的功夫，是看不到底的——不然曹雪芹也不会"加班"

十年，还写不完一部红楼。试问，要做好哪项工作不是如此？以"要不要加班"来评价一份工作好不好的人，绝不是企业需要的人才，因为他对工作的态度就是"做了"而不是"做好"。

举个例子，我公司附近的麦当劳门口，有个看自行车的大妈，夏天时她都会给所有的车，覆上自己带来的塑料布。顾客取车要走时，她还会笑着拧一把湿布，帮你擦擦坐垫，降降温。她从来没有开口，但很多人会主动多给她一块钱，还连声道谢。大妈和其他看车人的区别，就是"做好"和"做了"的差距——在金钱上，差距是一倍；在成就感上，差距无法估算。

我完全了解有些新人的想法：又不想在你这久混，干吗那么卖力气？其实，谁会在一家公司干一辈子？向更好的企业、更好的工作迈进，是我们每个人的追求。不同的是，优秀的人在哪里都会垫下坚固的基石，所以越走越高。

成为世界五百强的CEO，应该是每个职场人的向往吧，但对于新人而言，小公司也有小公司的好。大公司就像蔡京家的厨房，岗位细分到切葱花都要一个专职的厨娘，你可能老长时间连切肉的大活都没机会沾手，更遑论学会做一整个包子。而小公司人力资源紧张，同样三千工资不可能只让你切葱花，所以你必须很快学会做包子，还得会做很多种包子——当然，前提是你愿意学。

如果你第一份工作就是进入大公司，庆贺之余也要提醒自己，公司看到的只是你光彩夺目的学生时代，在职场上你还是一个零，有可能变成正数，也有可能变成负数。很多人错把所在机构的强大，当作自己能力的强大——这也是为什么有些离开央视的主持人，很快就被人淡忘。白岩松曾说，让一只狗天天上央视，就能变成名狗。但要知道，没了央视的舞台，不用多久它就会变回普通的狗。

　　"万般带不去，唯有业随身"。这个"业"不妨这样解：一是做得好的技能，一是想做好的态度。有这份"业"在，不愁找不到舞台。但这份"业"不是白来的——在你月薪三千的时候，就要像月薪八千那样做事，那没到手的五千，就是修炼这份"业"的学费。

{调整你的态度，重启你的人生}

[你的时间花在哪里，是看得见的]

我写过一篇文章建议人们一定要选择喜欢的工作，我不能保证你成功，但能保证你快乐。

很多人在后台留言说：我不知道自己喜欢什么工作，该怎么办？

这种茫然，很可能是大多数人的状态。

某一天。

你猛然发现，不知道自己喜欢什么。

你羡慕那些从小就知道自己要什么和不要什么的人。

到底要怎么才能知道你喜欢做什么呢？

首先，你的时间花在哪里，是看得见的。

也许你不喜欢你的专业，你不喜欢你的工作，但你一定有喜欢做的事。

那就是学习和工作之外，你愿意将大把时间花费在上面的事。

比如你喜欢玩游戏。

比如你喜欢逛街。

比如你喜欢追星。

比如你喜欢看电视。

你一定会问，这不是我业余时间的兴趣爱好吗，这跟我喜欢做什么工作有什么关系？

［ "不靠谱"的兴趣可能成为很酷的工作 ］

你不知道自己喜欢做什么，很可能就是因为你对工作的理解太狭隘了。

很多你认为是消遣、是娱乐的事，都可以通过你的努力，变成一份很酷的工作。

比如我家罗同学的圈子，就是游戏圈。很多男生从小就喜欢打游戏。

我家罗同学当初进报社，就是因为这份报纸有游戏版。

他的朋友，很多都在游戏媒体或者游戏公司工作。

有个男生，从小成绩不好，每天都是被他老妈揪着耳朵从游戏厅抓出来。后来他考上大学，勉强毕业。

然后又过了几年，当上了游戏解说。

然后就红了，一个月赚20多万。

比如我认识的一个女生，从小就爱逛街，就爱买、买、买。

她把所有时间都花在看时尚杂志上了。

现在她的淘宝店人气很不错，据说"双十一"那天，她家营业额有好几百万呢。

比如我还认识三个女生，从小都爱追星，人生目标就是不管怎么样，也要进入娱乐圈。

周围人都觉得她们疯了，能做点靠谱的事吗，那是正常的工作吗？

其中一个女生，念了社科院经济学硕士，找了电视剧广告植入的工作。

她每天可以在片场盯广告植入，可以近距离地观摩她热爱的明星。

因为真心热爱并且珍惜这份工作，她成了广告植入圈最专业的人。

目前她已经在做影视投资了，可以接触更高端的娱乐圈。

是不是很爽？

另一个女生，1994年出生的大美妞，梦想是嫁给李易峰。

她就想写出一个好剧本，能跟李易峰合作。

她真的很拼很努力。

现在是我们公司超有潜质的编剧。

她要用最正当的方式，最体面的姿态，站在李易峰面前。

第三个女生，从小就梦想要当经纪人。

周围所有人都觉得这个梦想傻透了。

并且难度极大，根本不可能实现嘛。

她被嘲笑过很多次，她也哭过很多次。

后来她当了我的助理。

她才22岁，就比好多资深经纪人还要"恐怖"。

刚才她还威胁我，这篇稿子写不好，就别想去吃饭。

她正在旁边瞪我。

救命啊……

所以呢，看上去再不靠谱的爱好，只要你愿意为之努力，也有可能成为你将来的职业发展方向。

[把兴趣当工作会毁了兴趣？]

又有人会说了，这只是我的兴趣，不适合当成职业吧。

"不要把兴趣当成你的职业，这样会毁了你的兴趣"，这就是我最讨厌的话之一。

如果把兴趣当职业，就会毁了你的兴趣，唯一能说明的是，这不是你的兴趣。这只是你一时的心血来潮。

你需要认真思考的是，这真的是你的兴趣吗？

你对它足够热爱吗？

你愿意为之付出一切，去学习、去努力、去创造吗？

我以前当记者的时候，采访过太多很厉害的人，最深刻的感触就是，在每个领域做到顶尖水准的人，一定是以兴趣为职业的。

把你感兴趣的事做到最好，这样你才能在某个领域做到极致。

别无他选。

［ 你还是找不到兴趣？ 去体验和试错 ］

有人会说，我认真思考了，我业余时间真的没有特别明显的倾向性。

看电影也行，看书也行，看电视也可以。

没有强烈的爱憎，没有强烈的兴趣，我该怎么办？

这种人，在生活中我也认识，常是属于性情温和宽容的好人。

跟我这种从小就爱憎分明、从小就偏执的人，是两种人。

我建议他们要多去体验，多去试错，用排除法，找到自己的兴趣。

不要害怕失败，不要害怕出错。

廖一梅就说过，从来不屑于做对的事情，在我年轻的时候，有勇气的时候。我这种以"试错"的方式来确定的人生，丰富多彩。

我们公司另一个女编剧，就是喜欢陈伟霆的那个超级大学霸。

以前她没有特别的爱好，到了找工作的时候，不知道自己想要做什么。

于是，她开始尝试很多事。她试过在报社当实习记者，她试过去网站当编辑，她试过在全球500强大公司当总裁助理。

她发现自己可以认真负责地做好，但是并不会发自内心去热爱它。

虽然看上去她浪费了很多时间，但这是一种排除法，即使她没有找到喜欢的，至少排除了她不喜欢的。

然后一个很偶然的机会，她看到我们公司在招聘编剧，当时要求交一个故事大纲。

这是她还没有试过的领域，她不知道自己喜不喜欢。

她花了3天时间，写了个故事大纲。

她交的是我看过的最有灵气的故事大纲之一。

然后她加入了我们的团队，她发现自己这才找到了真正喜欢的工作。

她以前的目标是要朝九晚五，要把工作和生活分开。

现在我们是"朝九晚一"，天天变态式地加班，她比谁都来劲。

现在她是我们团队最牛的编剧。

很多时候我都后怕，如果当时她没有一时冲动交了那份故事大纲，那么她就错过了自己真正热爱的。

可是，如果你愿意不厌其烦地去试错，那么，总有一天，你会和自己喜欢的事相遇。

那种感觉，会非常幸福，就像"浩劫余生，漂洋过海，终见陆地"。

[做好手头的事，擅长了你就会喜欢]

我发现，还有一种情况是，很多人不是对自己的专业不喜欢，对自己的工作不喜欢，而是懒。

专栏作者杨奇函就写过一篇文章，名为《成功跟专业无关》，也讲了这种现象。他说："很多人不是对专业本身不喜欢，只是不喜欢学习过程中由于智力精力耐力等方面的不足而导致的挫败感。没有什么比挫败感更能激发厌恶感了。我们很多时候把挫败感等同于厌恶感。让原本无辜的专业为我们的负面情绪买单。不喜欢所以我不学，不学所以我学不好。"

其实，从正面来说，你把当下的事做好，你擅长的事，你就会越来越喜欢。我们不都这样吗？擅长什么就会喜欢什么。

就像小时候你哪科成绩好，就会喜欢哪科。

难道我们会因为数学只考了8分，从此热爱数学吗？

所以，与其花很多时间去东想西想，挑挑拣拣，不如把你手头的事，用尽全力做好，看看你的上限在哪儿。

伊坂幸太郎说过，你知道人类最大的武器是什么吗？是豁出去的决心。

不管你是要去寻找自己的兴趣、确认自己的梦想，还是要下决心做好手头的事，或者去创业，你都要记住，今天就是你余生的第一天。

从现在开始，现在就是最好的时机。

调整你的态度，重启你的人生。

{ 你年轻时的气质 将决定你的一生 }

很久之前，读了海明威的一句话：

"如果你足够幸运，年轻时候在巴黎居住过，那么此后无论你到哪里，巴黎都将一直跟着你。"

后来我有一个朋友真的搬去了巴黎。后来，她的朋友圈里全部都是街拍：巴黎街头的咖啡馆、塞纳河边的画板、打扮精致的老妇人、踩着滑板呼啸而过的年轻人……

她去巴黎之前有着体面的工作，薪水颇丰，她在CBD上班，住在陆家嘴租金不菲的小区里。周末和闺蜜们逛街，买她爱的鞋子包包，然后在周一到来的时候，继续加班赚钱。日复一日，日子过得有风有雨，但没有巴黎。

她想起了海明威的这句话。

她说，如果我年轻的时候住在过巴黎，那么人生到底会有什么不同。

她就这样去了巴黎，用存款交了学费。租住在市中心的一个小小的阁楼里，每天除了去学校上课，还要去甜品店打工赚一点生活费。晚上打工回来踩着旧式木板爬上阁楼，发出咯吱咯吱的声响，和她在上海的生活完全是两个模样。

我问她，巴黎究竟有什么魔力，能让人此后的一生永远怀念，或者说，能深入骨髓地去影响一个人。

她说，不是巴黎，是你年轻时候居住过的地方。

［1］

我好像懂了。

你年轻时候去过的地方，居住过的城市，它们都深深地影响着你。巴黎也好，纽约也好，北京也好，又或者是大理、桂林，以及我们居住的三线小城。

因为每个城市都有它与生俱来的气质，并且这样的气质将在你年轻的时候，悄无声息地浸润你，影响你，改变你。

这个去了巴黎的姑娘，一改在上海时候快节奏生活、高频率消费的模样，好像住在巴黎，整个人都和这个城市一样闲散慵懒了起来，却又带着一丝不苟的精致。现在，她在塞纳河边跑步，在夕阳西下的时候停下来摸摸路边的小狗。

她从来没有想过自己会去甜品店打工，因为以前她看不上这样的工作，以前加班做项目到半夜，她蓬头垢面穿着人字拖在高级写字楼里吹着冰冷的空调。

现在即使白天上课再疲累，哪怕只是去甜品店打工，她都会打扮精致。她认真地摆弄着蛋糕的纸托，仔细地调烤箱的温度，她对每一个客人发自内心地微笑。并且，直到晚上下班回到小阁楼里，眼线都不会花。

她变得细腻而美好，变得开阔而笃定。

她说，这是你二十多岁的时候，一个城市对一个人的改变。

［2］

如果你问我，对于一个二十多岁的姑娘来说，什么最重要。

那么一定是眼界。

有一个师妹对我说过，这辈子最不后悔的事情，就是去美国读了研，在纽约生活了两年。哪怕是读文科硕士的感觉像是用生命换来了一个学位，但是纽约生活令她终生难忘。这个城市的包容和多样性，让所有的文化和价值观都能找到自己的位置。

纽约有纸醉金迷的模特圈、娱乐圈，那里流行一句话："如果你能够让纽约知道你的名字，那么全世界都将知道你，因为这里是纽约。"

纽约也有各式各样的NGO，他们为不同的弱势群体代言，如果你看到一个"哥大"女生放弃华尔街优越的岗位而去了NGO，这一点也不奇怪。

"纽约聚集了各式各样从五湖四海来的人，不是'聪明'人没有资格住在纽约，这里的每个人都有故事。纽约就像装了一个沙漏网，过滤掉了无聊的人，剩下的都是'聪明'的人。"

师妹说，她终于在一个辽阔的世界里，发现人和人之间是如此不同，大家想要的东西也是如此不同。

[3]

如何才能有更宽广的眼界？

我想，关于到底大城市好还是小城市好，那个永恒的问题终于有了一个很清晰的答案。

如果有机会的话，千万不要贪恋安逸和温暖，你要在年轻的时候，住在一个大城市。

它给你多样化的价值观，它告诉你人生不是只有一种活法。

你只有早早看见过最好，享受过最好，体验过最好以后，你才有资格说，我选择在大城市生活，还是选择在一个宁静的小城市里生活。你只有见过一切，你才好选择。

认识一对三十多岁的记者夫妇，他们二十几岁的时候，在北京以及欧洲城市工作，会写稿，至今你在网上搜索他们的名字，百度出来的稿件有几十页。在三十多岁的时候，他们选择去广西定居。如今，他们在山清水秀的地方，写字画画，教小孩子弹琴，那是一种走过世界的笃定，安然偏居一隅。

[4]

如果你二十多岁的时候，去过最美的地方，看过最美的风景，看到这个世界是如此壮丽而辽阔，看到这个世界上的人是如此不同。

那么你会安然接受生活给我们带来的欢乐和苦难。因为如果欢乐必不可少，那么我们也应该能够坦然接受暂时的挫折和困难。

你心里会明白，你见过这个世界上的好，你见过这个世界上真的有人在过着你想要的生活，你知道你值得一切更好的东西，所以你会更加笃定，更加心无旁骛地努力。

如果有一天，我回到圣保罗，看到之前住过的公寓、去过的露天咖啡馆，见到天生乐天派的巴西人，我想我一定会感慨，原来这么多年，它一直都跟着我，整个拉丁美洲都一直跟随着我。它们带给我对生活的启发，带给我的热情和豁达，决定了我一生对待生活的态度。

因为，你年轻时候居住的地方，影响着你的一生。

{ 梦想并不可笑，
可笑的是你只是空想 }

今年年初大约有5个月时间，我都在参与一档综艺节目的拍摄，也是在那段日子，我认识了化妆师Lucy。

她的皮肤白得亮眼，并且勤奋。

一天早晨，她照例5：30来到我房间化妆，打开自己一尘不染的粉红色化妆箱，整排码得整整齐齐，每一件都干净整洁，我们开始妆前打底。

"老师，以后织布面膜要躺着贴。"她小声提醒我。

我吃惊她怎么知道我习惯早上一边贴面膜一边工作，她娴熟地边化边说："你的皮肤含水量充分，但线条有点向下走，说明有不良习惯。织布面膜不要站着贴，地心引力向下拉，时间久了面部轮廓会下垂，好在，很轻微，来得及纠正。"

从此，我养成躺着贴面膜的习惯，效果来得快而且令人惊喜。

在Lucy一对一的培训中我进步神速，自以为可以出师了，于是，有一天早晨，为了减轻她的工作量也为了炫技，在她5：30来到我房间之前，我自己化完妆，得意地问她："怎么样？和你化的有什么区别？"

她默默端详，笑起来："你知道吗，改一个看上去不错而实际上很烂的妆，比重新化一个费事得多，我和你最大的不同是精细度和专业性。"

她摆好装备开始修我的脸。

"我原本在纽约学法律，因为喜欢，而且梦想成为化妆师就转到化妆设计学院，回国后准备开工作室，但是，我觉得自己实践经验不够，接了各种工作单锻炼，综艺节目、剧组、宴会，我到这里是因为这档节目的导师是化妆界大师，我想观摩偷学。"

她利落地在我脸上涂抹，"你知道今天外景多，风力5级以上要用超强定型发胶吗？你知道哪个牌子的发胶能把头发定得7级风都吹不散吗？你知道自己要换蓝色和橙色两套不同色系的衣服，什么颜色改妆最方便吗？"

我确实不知道。

从此，我更加关注Lucy。这是个家境与家教都非常好的姑娘，父母有足够能力满足她的愿望，可是，为了化妆师的梦想，她宁愿坐普通座位住标准间拿每天180块钱最低的助理工资做全工种积累经验，她对我说过最多的是"梦想"，一个我本来觉得挺可笑的词，而她让我觉得不是"梦想"可笑，是一些可笑的行为把"梦想"的门槛拉低成了"梦幻"。

在波光闪耀的水面活蹦乱跳地游动的，大多是小小的鱼类和虾类，而鲸鱼，往往深深地默默地稳稳地潜在海的深处，它们叫声低沉而震撼，有时到海面上晒晒太阳喷喷水，但更多的是承受深海的压力，看到另外一个安静而伟岸的世界。

梦想不是空中楼阁，它是深厚踏实的土地，需要真真切切用脚步丈量，才有机会走向远方。

那些梦幻，总是漂浮在生活的海面。

梦想，则像鲸鱼一样深潜在生命的海底。

而Lucy，就像沉静潜伏在海底的小鲸鱼，我相信她迟早会浮出海面晒晒太阳。

{ 要有坚持的能力，也要有改变的勇气 }

[1]

她来辞别，表示最终让她下定决心的是雾霾。

是啊，从去年十二月以来，红色预警又红色预警。

雾霾最浓时，单位选择放假，而她决定给人生放假。

我表示不舍，她给我看她手机里在某网站网购的记录，最近的，大多是口罩，各式口罩；还有罗汉果"清肺的。"她握着手机轻声说。我想起，不久前，她向我推荐罗汉果时，也这么说过。

"我可以，但我的父母不可以，整日在这里吸毒。"

她是独女，五年前离婚，无子，此后，她的父母便从老家赶来北京，一直陪她。

"有一天，我发现水管里流出的水是蓝色的，"她指的是雾霾最重的那天，"我问自己，我辛辛苦苦在北京谋生活，难道为的是这种生活吗？"

"蓝色自来水？"我喃喃重复，我记得。

离婚后，她和前夫把曾共有的房子卖了，折现，一人一半；但这几年房价飞涨，她始终没凑够再买一套房的钱，或者说，没有办法在付完首付后，每月轻松还贷，悠然度日。

"我算了又算，算了又算，除非用我父母的退休金做生活费，我的钱才够用……我把每一笔开支列在纸上，看有无再节省的可能，我很难过，我发现到自己六十多岁，还要欠银行钱。"

她又打开手机给我看她的网购记录，"足迹"一栏显示，她看过窗帘、沙发、家装所需的各种小物件，但大多已经"失效""下架"，"我一直没下手，因为，在北京有一个自己的家，太难了"。

这时，轮到我陪她一同叹息。

［2］

"相亲也难，"她摇摇头说，"经济压力大，工作更要努力，节奏快，累得、忙得，没时间去认识新的人。"

她还提到，有几次，下班后，挤地铁去约会，走到约会地点，脂粉残，满地伤，只想瘫下来休息会儿。

她曾在电影院睡着过。

几年来，相亲的次数，两只手数得过来，都不了了之了。

"你知道吗？在北京，发呆都觉得浪费生命……但就算生命一丁点儿都不浪费，我也不会有好的生活。"

看得出，她经过深思熟虑，我能做的只有祝福。

但我疑惑："回老家，问题就能解决吗？"

她显得振奋，说："在北京付首付的钱在老家能全款买房，这样，就能相对自由。"

之后，她向我勾勒"相对自由"的生活：有亲戚，不同阶段的同学、朋友，这意味着社交圈大，解决婚姻的可能也增加；重新找一份工作不难，虽然和现在的收入不能比，胜在轻松；她甚至想休息一段时间，毕业十年，她每份工作间没有超过一个星期的间隙。

她打算在当地图书馆附近住，在大学报一个绘画班。

可以慢跑、骑自行车。

把没写完的小说重新拾起。

这些，她本以为在财务自由后才能实现的梦，瞬间来到眼前。

[3]

我浇一瓢冷水，说："在老家，你未必能遇到和你一样的人。"

她和我同龄，在许多小城市，已被视为中年人。

她笑了。

说起去年聚会时，见过初恋。"头发都没了，肚子也凸起来"，因为"太安逸"，他的妻子——她的另一个同学，埋怨他：人生的主题就是打麻将。

"那应该是小城很多人的常态吧，"她两手一摊说，"我预感到一段时间内，我会是个异类。但这没什么，我希望每天有时间从容读书、写字、画画。这是我回去最重要的原因。"

为庆祝她的人生重大决定，我打算为她的新居添一套漂亮的餐具。

我请她发给我一个地址，稍后，我收到的是一张截图，她截取的网购记录地址栏，最新的写着她老家的门牌。

"截图时，我流泪了。"随图片而至的，是她真正的辞别。

"我浏览了十年来的收货地址，有学校、历任工作单位、买的房、租的房的地址。还浏览了我收藏的店铺，第一次买职业装的店儿；婚礼时的敬酒服，工位上的书架和盆栽，搬家的塑料绳、大纸箱……北京十年，我白手起家，颠沛流离，都在其中。"

"愿你一切都好，留或者走，都是成熟、理智的选择。"我回她。

"长安居不易"，我们不能用勇气去绑架任何人，虽然回到小城这条路，大约也并不如她所想的那样简单从容，但一个人，撑不下去的时候，换一条路试试，还是没错的。

离开大城市，就一定好吗？当然不。

然而我还是欣赏这种选择的勇气。

如果说从小城市到大城市是一场战斗，大城市回到小城市也不是逃跑。它们是同等级别的选择，甚至后者比前者更需要勇气。

这两天看了一部韩国职场剧《未生》，对里面的一句台词印象很深：做选择的瞬间加起来就是人生。

要有坚持的能力，也要有改变的勇气，不容易，但还是要努力。

从你的长处着眼，
你才能做到卓尔不群

我们生活的这个时代充满着前所未有的机会：如果你有雄心，又不乏智慧，那么不管你从何处起步，你都可以沿着自己所选择的道路登上事业的顶峰。

但前提是，你必须成为自己的首席执行官，知道何时改变发展道路，并在可能长达几十年的职业生涯中不断努力、干出实绩。

要做好这些事情，首先要对自己有深刻的认识，清楚自己的优点和缺点，知道自己是怎样学习新知识和与别人共事的，并且还明白自己的价值观是什么、自己能在哪些方面做出最大贡献。

因为只有当所有工作都从自己的长处着眼，你才能真正做到卓尔不群。

[我的长处是什么]

比起知道自己不擅长什么，多数人不知道自己擅长什么。以前的人没有什么必要去了解自己的长处，因为一个人的出身就决定了他一生的地位和职业。但是，现在人们有了选择。我们需要知己所长，才能知己所属。

要发现自己的长处，好的途径就是回馈分析法。

每当做出重要决定或采取重要行动时，都可以事先记录下自己对结果的预期。9到12个月后，再将实际结果与自己的预期比较。

持之以恒地运用这个简单的方法，就能在较短的时间内（可能两三年），发现自己的长处。同时也能发现，哪些事情让你的长处无法发挥出来，哪些方面自己则完全不擅长。

根据回馈分析的启示，需要在几方面采取行动：

首先最重要的是，专注于你的长处，把自己放到那些能发挥长处的地方。

其次，加强你的长处。

回馈分析会迅速地显示，你在哪些方面需要改善自己的技能或学习新技能。它还将显示你在知识上的差距——这些差距通常可以弥补。

再次，发现任何由于恃才傲物而造成的偏见和无知，并且加以克服。

有些人，尤其是那些业专人，往往对其他领域的知识不屑一顾，或者认为聪明的头脑就可取代知识。

[我的工作方式是怎么样的]

令人惊讶的是，很少有人知道自己平时是怎样把事情给做成的。

首先要搞清楚的是，你是读者型（习惯阅读信息）还是听者型（习惯听取信息）。绝大多数人都没意识到这种区分。这对自己的人生造成了很大的危害。

德怀特·艾森豪威尔担任欧洲盟军最高统帅时，一直是新闻媒体的宠儿。不管记者提出什么问题，他都能对答如流。十年后，他当上了总统，但当年对他十分崇拜的同一批记者却公开瞧不起他。他们抱怨说，他从不正面回答问题，而是喋喋不休地胡侃着其他事情。

艾森豪威尔显然不知道自己属于读者型，而不是听者型。当他担任欧洲盟军最高统帅时，他的助手会确保媒体提出的每一个问题都在记者招待会开始前半小时以书面形式提交。这样，他就完全掌握了记者提出的问题。而当他就任总统时，他甚至连记者们在问些什么都没听清。

几年后，林登·约翰逊把自己的总统职位也给搞砸了，这在很大程度上是因为他不知道自己是听者型的人。他的前任约翰·肯尼迪是个读者型的人，搜罗了一些出色的笔杆子当其助手。约翰逊上任后留下了这些人，可是他根本看不懂这些笔杆子写的东西。

没有几个听者型的人可以通过努力变成合格的读者型——不管是主动还是被动的努力，反之亦然。

因此，试图从听者型转为读者型的人会遭受林登·约翰逊的命运，而试图从读者型转为听者型的人会遭受德怀特·艾森豪威尔的命运。

[我如何学习]

实际上，学习的方式有很多。

有人靠写来学习，有人在实干中学习，还有些人以详尽的笔记来学习。

例如，贝多芬留下了许多随笔小抄，然而他作曲时从来不看。当被问及他为什么还要用笔记下来时，他回答道：

如果我不马上写下来的话，我很快就会忘得一干二净。如果我把它们写到小本子上，我就永远不会忘记了，也用不着再看一眼。

在所有最重要的自我认识当中，最容易做到的就是知道自己是怎样学习的。

当被问道："你怎么学习？"大多数人都知道答案。但是当问道："你根据这种认识来调整自己的行为吗？"没有几个人回答"是"。

我们必须明确对自己的认知：

是在压力下表现出色，还是适应一种按部就班、可预测的工作环境？

是更适合当决策者，还是作为顾问？

一些人作为团队成员工作出色。另一些人单独工作出色。一些人当教练和导师特别有天赋，另一些人却没能力做导师。明确自我，才能更好地与人合作，同时在学习中明确方向。

不管怎么样，不要试图改变自我，因为这样不大可能成功。但是，应该努力改进自己的学习方式和工作方式。

[我的价值观是什么]

要进行自我管理，最后不得不问的问题是：价值观是什么？

道德准则对每一个人都一样。要对一个人的道德进行测试，方法很简单。我把它称为"镜子测试"。

20世纪初，德国驻英国大使是当时最受尊重的一位外交官。

然而，在1906年，他突然辞职，不愿主持外交使团为英国国王爱德华七世举行的晚宴。这位国王是一个臭名昭著的色鬼，并且明确表示他想出席什么样的晚宴。据有关报道，这位德国大使曾说："我不想早晨刮脸时在镜子里看到一个皮条客。"

这就是镜子测试。我们所遵从的伦理道德要求你问自己：我每天早晨在镜子里想看到一个什么样的人？

在一个组织或一种情形下合乎道德的行为，在另一个组织或另一种情形下也是合乎道德的。但是，道德只是价值体系的一部分——尤其对于一个组织的价值体系来说。

组织和人一样，也有价值观。为了在组织中取得成效，个人的价值观必须与这个组织的价值观相容。

两者的价值观不一定要相同，但是必须相近到足以共存。不然，这个人在组织中不仅会感到沮丧，而且做不出成绩。

一个人的工作方式和他的长处很少发生冲突，相反，两者能产生互补。但是，一个人的价值观有时会与他的长处发生冲突。

请允许我插入一段个人的故事。多年前，我也曾不得不在自己的价值观和很成功的工作之间做出选择。20世纪30年代中期，我还是一个年轻人，在伦敦做投资银行业务，工作非常出色。

这项工作显然能发挥我的长处。然而，我并不认为自己担任资产管理人是在做贡献。我认识到，我所重视的是对人的研究。我认为，一生忙于赚钱、死了成为墓地中的最大富翁没有任何意义。

当时我没有钱，也没有任何就业前景。尽管当时大萧条仍在持续，我还是辞去了工作。这是一个正确的选择。

换言之，价值观是并且应该是最终的试金石。

[我属于何处]

少数人很早就知道他们属于何处。比如，数学家、音乐家和厨师，通常在四五岁的时候就知道自己会成为数学家、音乐家和厨师。物理学家通常在十几岁甚至更早的时候就决定了自己的工作生涯。

但是，大多数人，可能要过了二十五六岁才知道他们将身属何处。然而，到这个时候，他们应该知道三个问题的答案：

我的长处是什么？

我的工作方式是怎样的？

我的价值观是什么？

随后，他们就能够并且应该决定自己该向何处投入精力。

或者，他们应该能够决定自己不属于何处。

已经知道自己在大公司里干不好的人，应该学会拒绝在一个大公司中任职。已经知道自己不适合担任决策者的人，应该学会拒绝做决策工作。

成功的事业不是预先规划的，而是在人们知道了自己的长处、工作方式和价值观后，准备把握机遇时水到渠成的。

知道自己属于何处，可使一个勤奋、有能力但原本表现平平的普通人，变成出类拔萃的工作者。

［ 我该做出什么贡献 ］

综观人类的发展史，绝大多数人永远都不需要提出这样一个问题：我该做出什么贡献？

因为他们该做出什么贡献是由别人告知的，以前的人大多都处于从属地位，别人吩咐他们做什么，就做什么，这被认为是理所当然的。

甚至到了二十世纪五六十年代，那时涌现出的脑力工作者（即所谓的"组织人"，organization man）还指望公司的人事部为他们做职业规划。

随后，到20世纪60年代末，就很少有人想让别人来安排自己的职业生涯了。年轻的男男女女开始提出这个问题：我想做什么？而他们所听到的答案就是"你们自行其是吧"。

但是，这种回答同"组织人"听命于公司的做法一样是错误的。那些相信自行其是就能做出贡献、实现抱负、取得成功的人，一般连三点中的任何一点都做不到。

尽管如此，我们还是不能走回头路，让别人来吩咐、安排自己要干什么。对于脑力工作者来说，他们还不得不提出一个以前从来没有提出过的问题：我的贡献应该是什么？

要回答这个问题，他们必须考虑三个不同的因素：

当前形势的要求是什么？

鉴于我的长处、工作方式及价值观，我怎样才能对需要完成的任务做出最大贡献？

最后，必须取得什么结果才能产生重要影响？

把眼光放得太远是不大可能的——甚至不是特别有效的。一般来说，一项计划的时间跨度如果超过了 18个月，就很难做到明确和具体。因此，在多数情况下我们应该提出的问题是：

我在哪些方面能取得将在今后一年半内见效的结果？如何取得这样的结果？

回答这个问题时必须对几个方面进行权衡。

首先，这些结果应该是比较难实现的——用当前的一个时髦词说，就是要有"张力"（stretching）。

但是，这些结果也应该是能力所及的。设定一个不能实现的目标或者只能在微乎其微的情况下实现的目标，根本不能叫雄心勃勃，简直就是愚蠢。

其次，这些结果应该富有意义，要能够产生一定影响。

最后，结果应该明显可见，如果可能的话，还应当能够衡量。

确定了要实现的结果之后，接着就可以制订行动方针：做什么，从何处着手，如何开始，目标是什么，在多长时间内完成。

[如何对人际关系负责]

除了少数伟大的艺术家、科学家和运动员，很少有人是靠自己单枪匹马而取得成果的。不管是组织成员还是个体职业者，大多数人要与别人进行合作，并且是有效的合作。

首先是要接受别人是和你一样的个体这个事实。他们会执意展现自己的个性。

因此，要想卓有成效，就必须知道共事者的特征。这个道理听起来让人很容易明白，但是没有几个人真正会去注意。

一个习惯于写报告的人就是个典型的例子，因为他的老板是一个读者型的人，即使下一个老板是个听者型，他也会继续写着那种报告。这位老板因此认为这个员工愚蠢、无能、懒惰。

但如果这个员工事先研究新老板的情况，并分析这位老板的工作方式，这种情况本来可以避免。

这就是"管理"上司的秘诀。

每个人都有权按照自己的方式来工作。提高效率的第一个秘诀是了解跟你合作的人，利用他们的长处、工作方式和价值观。

人际关系责任的第二部分内容是沟通责任。

大部分冲突都是因为我们不知道别人在做什么，他们又是采取怎样的工作方式，专注于做出什么样的贡献以及期望得到怎样的结果。而不了解的原因是：我们没有去问。

人与人之间相互信任，不一定要彼此喜欢对方，但一定要彼此了解。

自我管理中面临的挑战看上去比较明显，其答案也不言自明。但是，自我管理需要个人做出以前从未做过的事情。

[如何管理后半生]

我们听到了许多有关经理人中年危机的谈论，"厌倦"这个词在其中频频出现。45岁时，多数经理人的职业生涯达到了顶峰，他们已经得心应手。

但是他们学不到新东西，也没有什么新贡献，从工作中得不到挑战，因而也谈不上满足感。然而，在他们面前，还有几十年的职业道路要走。

这就是为什么经理人在进行自我管理后，越来越多地开始发展第二职业的原因。

发展第二职业有三种方式。

第一种是完全投身于新工作。

这常常只需要从一种组织转到另一种组织。

还有许多人在第一份职业中取得的成功有限，于是改行从事第二职业。这样的人有很多技能，他们也知道该如何工作。而且，他们需要一个社群——因为孩子已长大单飞，剩下一座空屋。他们也需要收入。但最重要的是，他们需要挑战。

为后半生做准备的第二种方式是发展一个平行的职业。

许多人的第一职业十分成功，他们还会继续从事原有工作，或全职或兼职，甚至只是当顾问。但是，除此之外，他们会开创一项平行的工作，通常是在非营利机构，每周占用10个小时。

最后一种方法是社会创业。

社会创业者通常是在第一职业中非常成功的人士。他们都热爱自己的工作，但是这种工作对他们已经不再有挑战性。

在许多情况下，他们虽然继续做着原来的工作，但在这份工作上花的时间越来越少。他们同时开创了另一项事业，通常是非营利性活动。

管理好自己后半生的人可能总是少数。多数人可能"一干到底"，数着年头一年一年过去，直至退休。但是，正是这些少数人、这些把漫长的工作看作是自己和社会之机会的男男女女，才可能成为领袖和模范。

管理好后半生有一个先决条件：你必须在你进入后半生之前就开始行动。

同样，我认识的社会创业者，都是早在他们原有的事业达到顶峰之前就开始从事他们的第二事业。

发展第二兴趣（而且是趁早发展）还有一个原因：任何人都不能指望在生活或工作中很长时间内都不遭遇严重挫折。

在一个崇尚成功的社会里，拥有各种选择变得越来越重要。从历史上来看，没有"成功"一说。绝大多数人只期望坚守"适当的位置"。

我们期望每一个人都能取得成功，这显然是不可能的。对许多人来说，能避免失败就行。可是有成功的地方，就会有失败。

因此，有一个能够让人们做出贡献、发挥影响力或成为"大人物"的领域，这不仅对个人十分重要，对个人的家庭也同样重要。这意味着人们需要找到一个能够有机会成为领袖、受到尊重、取得成功的第二领域——可能是第二份职业，也可能是平行的职业或社会创业。

自我管理中面临的挑战看上去比较明显，甚至非常基本，其答案可能不言自明，甚至近乎幼稚。但是，自我管理需要个人，做出以前从未做过的事情。

实际上，自我管理需要每一个人在思想和行动上成为自己的首席执行官。

{ 为什么职场中的 女生要更努力 }

身边有一个身材娇小打扮入时、举止得体生活精致的女生，是隔壁部门的主管。我们都叫她小A，样样都是优异的A。

她的英文名字叫Ada，戴着黑框眼镜，即便是不施粉黛，也能看出出门前精心修饰的发型与嘴唇上永远润泽的颜色。她很努力，每天前三个到办公室，给桌上的绿萝浇水，整理前一天加班散落的文件，即便是主管，她仍然每天替身边的同事擦一擦桌子，扶好倒下的水杯并打开电脑，一天的工作，就从清晨开始。

她很努力，每天精力旺盛，以一敌百，在办公室与上司据理力争，在同侪面前是个拼命三郎，在下属面前关怀备至，即便是加班加点，她也从来都是最早一个上班，最晚一个下班。我们常常在茶水间遇到，点头之余，也会闲聊几句。

昨日下午，我在茶水间打完业务电话，趁着屋外阳光灿烂，想要调整一下糟糕的心绪，再进入工作状态。她站在我身后，递过来冒着热气的牛奶："喝一点吧，心情会好点。"

"谢谢。"我接过她手里的牛奶，与她一起坐下来。

"你怎么可以每天都这么精神奕奕？好像停不下来的小马达，充满动力。"我笑着问她。

"哪有你说的那么好。我有时候也会像你刚才那样啊，站在那里，一个人出神，收拾一下心情，准备下一次冲锋。"她爽朗地笑着，一点都不为我冒昧的一问而感到尴尬。

"其实，作为女生在职场里，有时候真的很有挫败感。上司苛责，同事冷眼，还有那无休止的加班、客户的责骂、家人的不理解。"说到家人的不理解，她的眼神黯了下来。

"很多时候，我们这么努力，不是为了去证明什么，而是想要活得自由一点。"她站起来，拿着杯子笑着走开。

想不明白的我，坐了一会儿，也站起来开始重新投入工作，只是那句"很多时候，我们这么努力，不是为了去证明什么，而是想要活得自由一点"，常常会在不经意间从我脑海里冒出来。而我也发现，在之后的日子里，不论我遇到什么事情，恼怒、焦躁一起向我袭来的时候，我就不自觉地朝她所在的角落看去，她依然那么淡然，气定神闲，于是我深呼一口气，告诉自己也可以如她一样。

之后的第二周，部门聚餐，大家在KTV唱歌至深夜12点，啤酒瓶散落一地，每个人脸上都带着月底加班后解脱的兴奋，在灯光下变换着不同的颜色。唯独她坐在角落，看着大家笑闹，偶尔插一两句，总能恰中要害，画龙点睛。我去厕所吐完出来，她站在门外，递给我一张纸，说："尽力就好了。不用逢迎，下班了，做回自己就好啦。"然后，我又跑回厕所一顿狂吐，隐约记着，她说，不要逢迎，原来是看出最后不能喝的我，还被上司猛灌，知道我力有不逮。深夜，我们一群人站在马路上打车，一辆跑车停在A的面前，隔得太远，加之又不清醒，只隐约看到A不太情愿，车里的人努力想要她坐上车，最终A拦了一辆出租车，绝尘而去。

第二天，中午吃饭的时候，听到部门小八卦说，小A昨天为什么没有上那个高富帅的车？一直听说追她的人家境都超好，果然名不虚传。另一个说，A

好像家境一般呀，这么好的机会，何必要自己这么辛苦，起早贪黑，拼命干活儿？干了几年还只是当个主管，一个月工资还不如买几个包呐。

说完一脸的不理解。另一个又接上话：谁知道昨天晚上是不是玩欲擒故纵的戏码。

"哼，我可不信，那些名贵的包，是她舍得买的。"

她们毫不顾忌旁边一脸讶然的扒饭的我，一边说一边笑着。

下午，中场休息的时候，我又在茶水间里遇到了A，她的黑眼圈连粉底都挡不住，双眼无神，看着杯子里的花茶，连水溅出来，都没看到。

"小心烫。"我轻轻摇了一下她。她回我一个感谢的笑脸。

"你也听到什么了吗？你也应该听到了。公司不大，小道消息才传得最快。"我看着她，不置可否。应该中午坐在附近吃饭的她，也听到了不少闲言碎语。只是作为高冷的她，怎么会去跟她们计较？

"作为女生，立足职场本已不易，却还要因为自己的努力饱受别人非议。"她幽幽叹了一口气。

与她聊天，才知道，她现在拥有的都是通过自己的辛苦努力获得的。她只是希望自己看起来精神，所以她会去学习如何穿搭，她只是希望自己在见客户的时候，不会出现身份上的不对等，所以她攒钱三个月的钱，买了一个包。更多的时候，她不选择走捷径，而是通过自己的双手去获得。业余时间给人拍照、写稿或者去当平面模特，只是为了让自己的内心更丰富一点。她也有人追，可是她没有把对方作为自己成功的跳板，而是选择自己适合并心仪的对象。她的目标很简单：认真地对待工作和生活，希望每一分获得都是自己努力得来，追求生活品质并没有错，光明正大地赚钱花钱，却莫名其妙地为了别人眼中的虚荣和欲情故纵。她不禁为这些无聊的同事感到悲哀，自己内心也感到孤独。

她说，直到遇到了我，仿佛看到了年轻时候的自己，那么拼命想要证明自己，埋头苦干，内心茫然。其实，只有自己知道，我们不选择走捷径，我们努力，不是为了钓金龟婿或者一步登天，只想让自己活得充实而有意义。

花3年时间，当上主管，这只是职业生涯初期，她给自己定的目标，很多新来的员工背地里也常常议论，小A是总监最得力的助手，因为她长得漂亮。起初，我也有这种想法，因为她给人柔弱的感觉，颜值高，又得到高层器重，却不知她背后花了别人几倍的努力，在深夜里写文件，一个人出差拓展市场，一个人与供应商周旋，将公司一次次从险境里面拉出。她也从不解释，她说，解释是无能的人做的事情，用事实证明的东西，用不着解释。

她的业绩，让大家刮目相看。年底表彰大会，她以领先第二名200多万元的业绩，获得年度最佳人物。我在人群里，为她高兴。领奖台上，她熠熠生辉，那句"解释是无能的人做的事情，用事实证明的东西，用不着解释"，在此刻得到完美解答。

很多时候，我们会把自己摆在一个弱势的位置，觉得女生可以利用自己的优势获得捷径。如果我们在一段路途中过早预支了幸福，后面一段，很可能出现痛苦；如果我们在最开始就心怀感恩，冒雨前行，最终后半段的路途多半会变得通达又平稳。

每个人的内心都有一面镜子，折射着自己的灵魂。有那么一群姑娘，每天工作忙碌，生活充实，去健身、野营、学画、读书，并不是为了找一个高水准的老公或者嫁入可以让自己少奋斗十年的家族，而是让自己在这个过程中有所收获，让自己越来越有涵养。在未来的日子里，面对那些似是而非的指责，能够一笑而过。这种气质，不是每天揣测别人就可以得到的。这种风度，也不是每天盯着肥皂剧和小鲜肉就可以获得的。只有自己沉淀并努力，才能获得精致的生活，才能让自己每一天都过得从容而淡定。

她常常跟朋友说，我的目标很简单啊，我就想着，到老了的时候，成为一个幽默善良、有点小见识、充满生活热情的老太太，那些可以让我物质丰腴的东西，并不重要，重要的是纯净而美好的内心。

　　她就是那个姑娘。她的努力与虚荣无关。

{ **你是千里马，
自有伯乐来认** }

从事人力资源工作一晃已经17年多了，"从菜鸟到骨灰"，一路走来，有欢笑也有泪水，内观自己、外看别人。

忆往年，自己作为"HR菜鸟"初入中国建筑三局，"不解风情"，一心只想让企业人才充盈、促进业绩成长，却几乎没有去思考过：要实现这个目标，自己需要具备什么样的能力，企业需要具备什么样的组织能力，如何做才能促使组织能力加速成长？每天忙忙碌碌做着薪资核算、招聘、培训等人力资源各个模块的工作，没有细心地将这些模块工作系统串联起来，有逻辑有步骤地开展，显得"舞步凌乱、毫无章法"，一天到晚忙，却没见到实际的组织能力提升。

思当下，自己历经磨难、成为"骨灰"。从大型国企到外资企业，再战民营企业失败了爬起来，持续专注、不断学习，历经17年多，现在才深刻体会到人的管理是非常之难，需要因事因时因人采用的不同人力资源管理策略，提升组织能力。

为什么"往年与当下"会有如此差距？通过不断探索与总结，我深刻领悟，一个人要成为所在组织的核心人才、迈向人生高峰，唯有"专业能力、成就动机、学习能力、同理心、情绪控制能力"五个方面平衡发展。这样才能将自己培养为职场"千里马"。

首先，培养专业能力。稻盛和夫先生说："只有专注于某个领域，并且究其极致，才能有可能触及真理、理解万物。"我们要在专业领域里主动思考"为什么、做什么、如何做"，不人云亦云、不照抄照搬，通过自己的实践、学习与反思，结合具体情况，掌握专业发展规律。积极主动地将自己掌握的专业能力应用到实际工作中去，勤奋工作，不断调整与创新，培养自己的专业能力与专业精神，将自己的专业能力塑造到精通，并内化为习惯。

其次，强化成就动机。"千里马"一定具有强烈的成就动机。成就动机强的人对工作、学习非常积极，善于控制自己，尽量不受外界环境影响，充分利用时间，业绩优异。对自己所从事的工作不仅仅热爱，还能孜孜不倦地专研、执着。具有强烈成就动机的人，他们乐意，甚至热衷于接受挑战，往往为自己树立有一定难度的目标；他们敢于冒风险，绝不会以迷信和侥幸心理对待未来，而是要进行认真分析和估计；他们愿意承担所做的工作的责任，并希望得到所从事工作的明确而又迅速的反馈。这类人一般不常休息，喜欢长时间、全身心地工作，并从工作的完成中得到很大的满足，即使真正出现失败也不会过分沮丧，自动自发工作。麦克利兰认为，一个公司如果有很多具有成就动机的人，那么，公司就会发展很快。

再次，提升学习能力。"千里马"一般具有卓越的学习能力，他们对各类事物有极强的好奇心，有主动学习和敢于挑战新环境、新市场、新机会的勇气和决心。学习积极者能够将看似无关的信息有机联系，随时跳出本职工作或本行业，从其他工作或行业获得灵感，并有效应用自己的工作领域。特别是能够辩证地分析问题、实事求是地研究工作或业务的规律，有逻辑地设计工作单元并执行工作规划。对于工作中碰到的问题，具有"不达目的不罢休、不到黄河心不死"的学习状态，积极思考，阅读相关专业书籍，寻找佐证，总结提炼，寻找规律。

然后，养成同理心。"千里马"特别具有同理心，他们拥有准确洞察他人需求，尊重他人不同意见的能力，尤其是以一种关怀和尊重的态度去聆听那些拥有不同观点的人的意见。能够站在他人立场，更多地看到他人的优点和长处，而不是别人的缺点或短处。常常换位思考、秉承"己所不欲、勿施于人"原则开展工作。

最后，控制个人情绪。"千里马"一般具有成熟的情商，他们具有良好的情绪恢复能力、情绪稳定性和控制能力。一个情商成熟度高的人能够很好地在困境中保持情绪稳定，能够掌握发怒、或欣喜的时机；也能够很快地从情绪波动中快速稳定下，不带感情色彩地理智决策，将会收到不一样的人生。

具备这些潜力的"千里马"，他们可以明确方向、扬鞭千里、自动自发地开展工作，带领企业走得更高更远。

让我们将自己培养为职场的"千里马"吧。

最近又有几个朋友辞职做自由职业者了。

这次略有不同，几个先后"单飞"的朋友，联合在一起。一个人接到需求之后，如果不是自己的擅长领域，就拉上其他擅长的顾问，抱团儿谈项目，项目下来之后再分工合作。

要说他们是自由顾问？好像不完全是。但要说，他们是个小咨询公司？似乎也不是。在这里，没有老板和员工之分。

如果非要给它一个名字的话，它不像一个公司，倒像一个平台。

是的，平台。

优步自己没有车，只是用车平台；阿里自己没有货，只是交易平台；微博自己不生产内容，只是内容平台……

那么人才呢？是否也没必要用企业的形式组织起来，而用平台的方式呢？

实际上，追溯回去的话，"企业"这种组织形式，最初产生于社会化大生产。

罗纳德·科斯曾经对企业的价值进行解释：在一个完全开放的劳动市场，人们可以互签合约，出卖自己的劳动力，同时购买他人的劳动。

但这样做的结果是，交易成本太高，每个人都需要找不同的劳动力、进行选择、在个人之间达成协议、执行协议。

而企业呢，通过层级制把人们组织起来，进行管理，虽然多了管理成本，但是只要管理成本低于交易成本，企业就是有价值的。

然而，互联网的发展，不仅带来了技术方面的变革，也带来了协作的便利和信息的透明。这些使得交易成本大大降低。

在一些行业，如果交易成本降到足够低，以至于低于管理成本的时候，企业就失去了优势。平台则不同，因为平台可以促进协作、匹配供需。它不需要企业那样的高管理成本。

这种趋势，不仅仅出现在咨询行业，在媒体行业也是一样。众多的内容平台将媒体人与读者直接联系在一起，传统的媒体企业显得不那么有优势了。

在未来，还会有更多行业面临这样的变革。而身处这些行业的我们，未来有可能不再属于任何一家公司，而只属于一个平台。

而一旦从企业到平台，最大的变化就是，个体的作用将会突显，而组织的作用将会减弱。

实际上，即便没有咨询和媒体行业这么明显的变化，不少企业，也已经在借鉴平台化的做法，悄悄地进行组织变革，以更加适应未来的发展及人才需要。

而这些变革，对我们未来几十年的职业生涯，将会产生深远的影响。

从我个人这些年帮各大企业做组织设计咨询的观察来看，至少有四个企业发展的趋势，是我们不能忽视的。

趋势一：更替。

企业的存续时间越来越短，个人在一家企业的职业生涯也越来越短——所以，最大化利用企业的资源来为自己增值，同时密切关注行业动向。

我刚做咨询的时候，企业做战略规划都是5年甚至10年。而现在，能够拿得出清晰的3年战略的企业，已经不多了。至于5年和10年，企业是不是还在，也未可知。

即便仍然在，它是否还能维持高增长、高利润，从而为你提供高物质回报，也是谁都不能保证的。

在这种趋势下，个人不可能把安全感寄托于企业，而只可能来源于自我价值的提升。

所以，你在进入一个企业之前，不得不思考一个问题：假如这个行业衰落了、企业倒闭了，还可以去哪儿？个人价值在这里能得到多大提升？

除此以外，你还需要时刻关注自己行业的变化，以及其对自己的影响。你不得不去思考下面这些问题，以洞悉行业变化：

1. 这个行业的人才素质，相比以往如何？

2. 这个行业出去的人，身价涨跌如何？

3. 行业是否存在人才短缺？在哪个细分领域？

4. 哪个细分行业的增长最迅速？

5. 行业有什么新技术产生？这种新技术会如何影响企业？

6. 这个行业的主要增值在价值链的哪一环？近期是否有变化？

趋势二：无界。

企业的组织架构越来越灵活，岗位的边界会越来越模糊——所以，找到变化下的内部创业机会，可能会实现弯道超车。

以前做咨询项目，都是从战略梳理入手，然后设计与之匹配的组织架构，再梳理各个岗位的职责以及要求，然后按照要求配上合适的人。

总之，先挖坑、再找适合的萝卜填。

而今，僵硬的组织架构、森严的等级体系，将会使企业决策变慢，无法应对变化。

那么，怎么才能更快地应对变化呢？关键在于人。因为岗位是死的，而人是活的，只有人，才可能及时识别变化并快速反应。

所以，这几年的组织设计，主题都很灵活：有些企业开始去中层化，只留高层和基层；有些企业将岗位合并，避免分工过细带来对人的限制；有些企业，甚至连岗位职责描述都取消了。

总之一句话，最大化萝卜的作用，而坑的大小则可以调整。层级之间的界限、岗位之间的界限，将越来越被打破。

这种"无界"的趋势，使得个人有更多机会选择自己愿意做的事，进而会有更多崭露头角的机会。

比如，很多传统企业，面对互联网+、O2O、社群经济这些新兴概念，往往选择同时兼顾传统业务及新兴业务。

他们会在内部推行两种架构，一种是适应现有业务的传统架构，而对于新业务，则采用项目组这样的灵活组织形式。

我看到一些员工，当企业有新的项目时，敢于冒险，进入一个前途未卜的项目组，最后成了，给公司创造了巨大价值，而他们则实现了弯道超车，同时借助企业的资源大大提升了自己的价值。

所以，去注意你所在的企业正在尝试什么样的转型和新业务，在这样的业务中，你是否可以成为其中的一员，而不是固守在原先的岗位上。

即便没有这样的机会，只关注自己的一亩三分地，也将不再是好的做法。

趋势三：联盟。

企业与人才、人才与人才的关系趋向于联盟——着力打造个人品牌。

"联盟"不是一个新概念了，它最初由Linkedin联合创始人Reid Hoffman提出，指的是：未来的职业将不再是雇佣关系，而是互相投资的关系。企业和员工双方，为了共同的使命和目标，互相在对方身上投资。

然而，为什么是联盟，而不再是雇佣呢？除了开头所说的，互联网带来的交易成本降低之外，跟如今的行业结构也有很大关系。

过去制造业占主流，流程性和重复性的岗位需求大，体力劳动者需求多。而现在服务业逐渐步入主流，尤其是高端服务业，那么与之相伴的，企业对脑力劳动者和创新人才的需求会越来越大。

但脑力劳动比体力劳动更难监控和管理。

比如说，你看一个包装工有没有好好干活儿，数数他一天包装了多少东西就行。但你要评估一个研发人员呢？是看他一天写了几份报告么？显然很困难。

所以，对需要创新的脑力劳动者而言，企业能够控制的只是他的时间，但投入程度完全由他自己决定，企业很难监控和管理。

在这种情况下，企业必须要跟人才建立情感联系，形成精神契约，才能让他足够投入。实际上，我们已经可以看到很多种联盟的形式了：

给予优秀员工股权、期权等作为长期激励，从而将个人与企业发展捆绑到一起。这是在薪酬方面跟人才形成联盟。

一些公司雇佣自由顾问，自由顾问并非正式雇员，但会为公司服务某个客户或项目，然后按项目进行结算。这是在关系方面跟人才形成联盟。

一些大企业，内部不雇佣研发人员，而采用开放式研发，跟有研究能力的个人或团队合作，共享回报收益。这是在商业方面跟人才形成联盟。

有些企业鼓励员工内部创业，不光给投资，创业成功了还有可能收购回来。这是在发展方面跟人才形成联盟。

什么样的企业愿意跟人才形成联盟呢？所谓的"高端"行业？未必。

海底捞大家都听说过：店长及以上级别员工离职，只要任职超过一年，就给一定金额的"嫁妆"。这就是一种联盟。

原因很简单，海底捞虽然是传统行业，但餐饮业对店长以上级别的人才需求是很旺盛的，并且他们的投入度对业绩的影响是很大的。这一点跟所谓的高端行业没有差别。

所以说，越依赖于人才的行业，企业越希望跟人才建立联盟关系。

倘若你希望未来与企业形成联盟，而不是雇佣关系，那么，你就需要去那些依赖人的行业，同时，着力打造自己的个人品牌，而不是依赖于企业品牌。

倘若你不是这样的类型，而是习惯于按指令做事，那么，就去那些高度依赖资本和资源的行业，前提是，他们的优势可以维持到你的职业生涯结束。

趋势四：分化。

企业更加重视人力资本投入产出比，资源分配出现两极分化——让自己的价值服务更直接作用于产出。

这两年的企业，尤其是传统行业，很多提出要控制成本、提高效率。一个原因是经济的不确定性，另一个原因则是技术冲击，很多行业被颠覆。

当市场不利、利润下降的时候，自然就想到要降低成本。而在很多企业的成本里，人力成本是很大的一块。

很多企业的人力资源总监以及其他高管，有一个绩效指标，就是人力成本投入产出比。

简单来说，就是花在员工身上的每一分钱，给企业带来了多少回报。

如何最大化人力成本的投入产出比呢？很多企业采取的方式是：资源重新分配。

比如，1块钱分给两个人，A员工比B员工绩效好，过去是给A6毛，给B4毛，资源重新分配之后，现在是给A7毛，只给B3毛。

企业希望通过这样的方式，将资源倾斜给高价值员工，提高他们的积极性，同时也鞭策其他员工。

换言之，企业会越来越多地将资源投给那些高价值员工。相应地，越不能产生价值的，企业越会减少投资。

对一部分人来说，这是最好的时代；对另一部分人来说，这是最坏的时代。

总之，在企业走向平台化架构的趋势下，我们需要知道：

1. 随着交易成本的下降和管理成本的上升，企业将越来越平台化，表现为：更替、无界、联盟和分化；

2. 我们应该不断通过提问，时刻关注自己行业的发展动向；

3. 主动发现机会，利用企业资源提升自我价值，才有可能弯道超车；

4. 如果希望联盟，就去那些相对依赖人的行业；

5. 最重要的是，不只是个人，企业也应当关注这些趋势，才能留住优秀的人才！

你需内心强大后丰盈

我们相当于货物，
公司相当于买主。
想要证明自己的价值，
你得先让买主认可你是件好货。
想要证明自己是玫瑰，
你得先开一朵玫瑰花。

{　能面对挫折泰然处之　}
的人才是职场能人

索尼公司是世界上最受敬仰的公司之一，创始人盛田昭夫曾经说过这么一个故事：

东京帝国大学的毕业生，在索尼公司一直非常受欢迎。有个叫大贺典雄的高才生，是一位很有才华的青年。他加入索尼公司之后，年轻气盛、直言不讳，还曾多次与盛田昭夫争论。但盛田昭夫喜欢这个敢于独立思考的年轻人，非常器重他。

可不久，出了件令人意外的事，盛田昭夫居然把大贺典雄放到了生产一线，给一位普通工人当学徒。这让很多员工迷惑不解，他们猜测，他一定是某次说话过于直接，得罪了盛田昭夫。还有人为大贺典雄感到不平，但大贺典雄对此只是淡淡一笑，踏踏实实地当他的学徒。

一年后，更让人大跌眼镜的事情发生了，还是学徒工的大贺典雄居然被直接提拔为专业产品总经理，员工对此更加百思不得其解。

在一次员工大会上，盛田昭夫为大家揭开了谜团："要担任产品总经理，必须要对产品有绝对清楚的了解，这就是我把大贺典雄放到基层的原因。让我高兴的是，大贺典雄在他的岗位上干得不错。不过，真正让我坚定提拔念头的还是这件事：整整一年，他在又累又脏的工作环境下，居然没有任何的牢骚和抱怨，而且兢兢业业，甘之若饴。"

人们终于明白了其中的原因，不由得报以热烈的掌声。5年后，也就是在

[你需内心强大而丰盈]

大贺典雄34岁那年，他成了公司董事会的一员。这在因循守旧的日本企业，简直是前所未闻的奇迹。

究竟是什么力量，促使大贺典雄整整一年处在脏累的工作环境中，却没有任何抱怨？或者说，像大贺典雄那样，能面对挫折而泰然处之的人，他们究竟有什么与众不同的地方呢？

经过我们分析，这样的人，往往具有以下几种素质：

1. 永远正视客观的现实。

他们不追求小说故事里那些一蹴而就的成功，他们接受"年轻人要从基层做起"的现实。他们也不追求绝对的"公平"——就算一时的收获抵不上付出，他们也能接受这一切，心甘情愿从头做起，从基层做起。他们并不从一开始就给自己定下什么"伟大的目标"，而是制订一个个现实的目标，通过一步步的努力走向成功。

2. 化解困惑，擅长从具体工作中寻找乐趣。

乐观的心态，是支撑一个人度过"低谷"的基础。可以想象，当大贺典雄被派去做学徒，他一时并不知道盛田昭夫的用意，他肯定也会觉得困惑、不解。但现实是必须面对的，他该如何度过自己的学徒岁月呢？看起来，大贺典雄一定喜欢自己的工作，一定从学徒的工作中寻找到了乐趣。毕竟，这是当时其他大学毕业生一辈子可能都不会碰到的经历。也正因为他珍惜这段经历，在学徒的岗位上也做得风生水起，所以，才更让盛田昭夫认识到他与众不同的心理素质和才能。

3. 富有远见，不计较一时得失。

固然，在这个案例中，大贺典雄是幸运的，他的"不幸"仅仅是盛田昭夫刻意安排的"考验"。可实际上，更有无数"一开始没那么幸运"的成功者，不计较一时得失，凭着自己强大的坚毅、耐心和积极，从而完成了命运对他们的严酷"考验"。

4. 永远采取积极的行动。

即使处在"低谷",他们也不会怨天尤人或是自暴自弃,他们总会"做点什么",让自己渡过难关,决不会用嘴上滔滔不绝地抱怨来打发时间,积极行动是他们唯一的向导。

优秀的人,一般具有上述几项心理素质。他们不急、不怨,着眼现实,积极行动,努力解决各种问题,用建设性的态度来看待工作和生活。

他们不会抱怨命运,而是积极改变自己的处境;他们不会抱怨同事、抱怨客户,而是用健康的方式与人们进行沟通;他们不会抱怨老板、抱怨公司,而是珍惜本职工作给自己提供的学习机会。他们遇到麻烦、挫折,也会"换一个角度"想问题,从"麻烦"中发掘快乐和机会。

下面是一位咨询专家讲的故事,是关于他几个事业有成的朋友的经历。

其中一个朋友,他开车和专家一起参观一家企业,却碰上一路都是交通堵塞,几乎是寸步难行。可这位朋友却说:"北京的交通就是这样!没关系,平时我也不开车,坐公司的班车上班,一路上可以闭目养神,还可以听听外语。上次我去美国考察,我发现自己的口语竟然明显提高了!这还要感谢北京的堵车呢!"

还有一位朋友是一个企业的老板,朋友们从来没有听见他抱怨。按理说,他太有抱怨的理由了:行业的政策变动、诸多合作伙伴的不诚信、员工的失误等,都给他带来很多麻烦。但他从来不抱怨任何人,而是想办法,出主意,把每一个考验和挑战化解,把每一个不足重新调配,尽力做到位。

正是这些不抱怨的人,在朋友、同事之间散发着迷人的能量,让别人也感觉心胸开朗、心态阳光,在工作中充满着力量。

其实,当一个人真正有自己的理想,就不会再为那些烦琐的事怨天尤人；当一个人懂得时间的珍贵，就不会让抱怨浪费自己的生命，生活中的阳光会洒满他们生命的每一个角落。

优秀的人，绝不让满腹牢骚来消耗自己，绝不让抱怨的思维限制自己。难道，我们不该学习这样的人，停止抱怨，接受现实，迎接自己新的职场生活吗？！

无论如何，如果你还在喋喋不休地抱怨不停，至少可以肯定，你不是一个优秀的人，也很难成为优秀的人。

抱怨是职场通病，抱怨是事业成功大敌。在职场上，抱怨是一种可怕的传染病。经常抱怨的人会变得消极、不思进取。其实抱怨不仅没必要，而且很愚蠢，甚至越抱怨越糟糕。化解抱怨，改变"抱怨性格"，在工作中重新找回自信和快乐……

工作中，别太强调自己的感受

先做出成绩，再强调自己的感受吧！

如果你正在经历职涯的低潮期，以下这两个故事，或许可以给你带来一些启示。

期待我们都能够通过这些磨炼，往下一步迈进，过上更好的生活。

[是钻石，总是会发亮的]

一位年轻人一直找不到理想的工作，不管多努力，所有的努力看似都是徒劳。

他深深觉得自己怀才不遇，对社会感到非常失望。

痛苦绝望之下，他来到了海边，打算就此结束自己的生命。

此时，正好有一个老人从这里走过。老人看出了他的心思，问他为什么要走绝路，他说自己得不到别人和社会的肯定，没有人欣赏并且重用他，觉得不被社会需要。

老人没多说什么，只是从脚下的沙滩上捡起一粒沙子，让年轻人看了看，然后就随便扔在地上，对年轻人说："请你把我刚才扔在地上的那粒沙子捡起来。"

"这怎么可能！"年轻人说。

老人没有回话，接着又从自己的口袋里掏出一颗晶莹剔透的钻石，也扔到了地上，然后又对年轻人说："那你能把这颗钻石捡起来吗？"

"这当然可以！"年轻人说。

"你明白这两件事情之间的差异了吗？"老人紧接着说："你应该知道，现在的你还不是一颗钻石，所以你不可能苛求别人看重你。如果要别人看重，那你就要想办法使自己成为一颗钻石才行。"年轻人听后，恍然大悟，谢过老人，便迅速离开了海边。

很多人抱怨时运不济，总是找不到令人称羡的工作，或是不被看重。但是如果你的履历没有"特色"，表现并不"出色"，又怎能怪别人没发现你？

想要获得他人重用，就得先脱颖而出，让自己变成无可取代的人。

[与其埋怨暗路，不如自己点灯]

一位刚上班不久的年轻人对朋友大吐苦水："老板对我有成见，老是对我百般挑剔。说我电脑用得差，文案创意更是一团糟。总之做什么都不行。"

"你觉得你的老板说的对不对？"朋友问。

年轻人说："我觉得自己完全可以胜任这份工作，是老板偏心。"

朋友建议："你现在先不用抱怨。既然老板这么坏，何不气气他。用他公司的电脑学习，利用在他公司的机会提高你的文案设计能力，然后再离职。要让他失去一位千里马而后悔。"

这位朋友回去后埋头苦学，很快进入状态，在同事中显得格外突出优秀。

半年后，朋友碰见那位年轻人。那位年轻人忍不住地说："你怎么不问我是否被老板炒鱿鱼，或炒了老板鱿鱼？"

"如果你照我的建议去做了的话，你现在应该是被老板委以重任，而不再满腹牢骚。"朋友说。

"你真料事如神啊！"这位朋友感叹道，"我回去以后，加倍苦练，表现出色。我本想离职，但老板提拔我当部门主管，而且非常尊重我的意见。"

"这是你不再抱怨而坚持努力的应有回报啊！"朋友道。

人活着不是要"斗气"，而是要"斗志"，不是要比"气盛"，而是要比"气长"；不是要"争一时"，而是要"争千秋"。

看完这两个故事，或许可以带给你启发。

{ 所有的成功都是 }
{ 要经历重重难关的 }

［1］

　　每到收获的季节，父亲都会选出一些颗粒饱满的谷子做种子，等到来年的春天，父亲把这些谷子撒进田里，不久，就有嫩嫩的芽苞挣脱谷壳，慢慢地长成秧苗。

　　为什么用谷子做种子而不用米呢？米除掉了那层谷壳，没有谷壳的束缚和阻碍，发芽不是更直接、更省事、更容易、更方便吗？当我把这个想法说给父亲听时，父亲要我亲自试试。我怀着好奇，选了一把上好的米作为种子，撒进了田里，结果没有等来一粒米发芽。

　　谷子能作种子，没有谷壳的米反而不能呢？

　　父亲说，也许任何希望的破土而出，都不是图直接、图省事、图容易、图方便而实现的，都是要经过层层阻碍、重重阻力和道道关卡，方能成为现实。

［2］

　　小时候，跟父亲到菜地里割韭菜，父亲手持镰刀，从韭菜的根部，齐刷刷地把韭菜割掉。

　　"这样割，韭菜不会割死吗？"我担心地问。

"韭菜是割不死的。"父亲说。

"为什么韭菜割不死呢？"

"不但割不死，反而越割，长得越好，长得越快。"

"为什么呢？"

"也许，正是我们一次次去割它。"父亲说。

当时，我并没有明白韭菜为什么越割反而长得越好长得越快的道理。后来，随着渐渐地长大，随着在成长过程中不断经受坎坷和挫折的磨砺，我慢慢懂得了：有时，激发我们生命活力的，恰恰是那些我们经历的苦难。

[3]

那年，我高考落榜，父亲带我去看黄河。那时，黄河已进入枯水期，看着干涸的河床，父亲问："这河流要流向哪里呢？"

"河水都干涸了，它还能流向哪里呢？"我说。

"不，它在流向大海。"

"河水断流了，它怎么流向大海呢？"

"虽然河水断流了，但它的河道改变了吗？没有，它还是在指向大海；它的目标改变了吗？没有，它的目标还是在大海。一条河，只要它流向大海的方向不变，只要它流向大海的目标不变，它的枯水期，它暂时的停滞，它所走的弯路，它所遭遇的坎坷和挫折，都不是问题，因为来年的春天，那流向大海的滚滚波涛会证明一切。一条流向大海的河，就像一个奔向远大目标的人。"父亲说。

你需内心强大而丰盈

[4]

父亲曾给我讲过一个他亲身经历的故事。父亲说，那年，他在海边，见一个年轻人想结束自己的一生。父亲问年轻人，为什么年纪轻轻就想不开呢？年轻人说，这些年来，命运给他的多是逆境和挫折。父亲对年轻人说，看过大海上航行的船吗？它们有时升起风帆，有时收起风帆，升起风帆时，说明船航行在顺风中，收起风帆时，说明船航行在逆风中。

父亲告诉年轻人，船为什么有时在顺风中有时又在逆风中呢？因为航行在大海中的船，是有目的地的，是有航向，是有目标的，而风是变化不定的，东西南北风都有，而目标是固定的，所以一条在航行中有目标的船，不可能是一帆风顺的，它必定会遭遇到逆风，只有那些没有目标的，才会随波逐流，随风飘荡。无所谓顺风，也无所谓逆风。一个人身处逆境，跟一条船遭遇逆风是一样的，是一种常态，是一种常事，又有什么想不通、过不去的呢？只有那些心怀目标的人，才不会一帆风顺啊！

我问父亲，后来这个年轻怎么样了呢？父亲说，后来这个年轻人离开了海边，回到了他生活的那个城市，开始了新的生活。

{ 领导想听的 才不是你的诉苦 }

开公司从来不是做慈善，谁可怜就奖励谁；工作也不是秀场，谁表现得更卖力更努力就该受表扬。谁创造的价值大就奖励谁其实才是对员工最大的肯定；努力让自己成为团队中不可或缺而不是可有可无的人，才是对自己最大的负责。

[1]

毕业之后，我的第一份工作是在一家图书公司做编辑。

我们的老板以前是个语文老师，后来下海经商，经常以"儒商"自居。新员工培训上，老板借用孔子的话讲了他的人才观：

子曰：有才无德，小人也；有德无才，君子也；然德才皆具者，圣人也。

对公司而言，德才兼备，是第一等人才，有德无才是第二等，至于有才却无德的，属于第三等，我们公司坚决不用。

我当时听了很高兴，对老板的价值观非常赞赏。

然而圣人难寻，于是我们公司最常见的是彬彬有礼的平庸之辈。

论产品，凭着我们公司一群兢兢业业的本分人，图书质量自然是不差的。可是在产品推广方面，因为缺乏创意的宣传手段，成了公司的老大难。

眼睁睁看着好书囤积在仓库里，纵然老板修养再好，也高兴不起来。

这时有人向老板推荐了阿姜。

阿姜在几家大公司做过策划，据说在业内是颇有名气的。

在聘用之前，老板翻了翻阿姜之前做策划的几个经典案例，不禁皱起了眉头。

案例很新颖，也能吸引眼球，就是有点哗众取宠。

推荐人在老板面前念叨了好几遍"成大事者，不拘小节"，"黑猫白猫，抓到老鼠才是好猫"，老板才咬咬牙打了阿姜的电话。

就这样，阿姜成了我们公司的业务主管。

［2］

阿姜上任不久的第一把火，就把我们都得罪了。

我们公司的惯例是，每月都会选出一名优秀员工进行表彰，并把员工事迹张贴出来作为示范。

那个月，大家一致推选了业务部的小王，因为小王刚刚在跑业务的途中被撞伤了。且不说这种奋不顾身的敬业精神，就算作为安慰奖，也不过分吧。

可是阿姜提出了反对意见，理由是小王的业绩并不突出。

这件事吵吵嚷嚷，终于传到了老板的耳朵里。

以我们老板的师长情怀，他自然是站在我们这一边的，于是他问阿姜是怎么想的。

阿姜说，商场如同战场，并不是一个适合讲情面的地方。假如这次给小王评了优秀，那就等于宣布了错误的游戏规则，大家都会以为，只要表现得足够卖力，或者足够惨，就是好员工。而实际上呢，不管是什么原因，这样的好员工实际上没有给公司带来效益。

所以，我们鼓励大家学习小王的精神，公司可以通过其他方式勉励小王。但最有价值奖一定是给公司创造最大价值的员工。

后来，我们的评选规则变得很简单，只要把绩效考核打印出来。

在这种胜者为王的制度下，谁敢不费尽心思往前冲。

我们的老板也从一个老师的角色中渐渐走了出来。

安慰奖，更适合设定在幼儿园里，而不是在公司里。

[3]

我进入第二家公司没多久，我邻桌的同事萌萌悄悄告诉我，看到那个叫美美的吗，就凭着长了一副好皮囊，把老板迷得不行，你可别招惹她。

不用萌萌说，我也看到了，不就是那个隔三岔五迟到，还经常忘记打卡的女人吗。

我心里有点失望，觉得新公司的制度实在乱。

比如萌萌吧，经常加班到七八点，忙得连晚饭都顾不上吃，工资却比每天优哉游哉的美美差了一大截。

所以，每当美美带着一身香水味走过的时候，萌萌会私下冲我撇嘴，无声地骂一句"狐狸精"。

有一回，我问萌萌，干吗不考虑跳槽啊，这里看起来太不公平了。

其实我问萌萌的同时，自己心里已经在暗自策划跳槽了。

萌萌叹口气说，到哪儿去还不一样，这就是个看脸的社会。

看来工作这几年，萌萌一直过得不舒心。不知怎么，我感觉有点怪怪的。

正在这时，老板快步走进来，一路叫着"美美，美美"。

就算是专宠，这也太夸张了吧。

见到了美美，老板拉起她就跑："上次说的那个大项目来了，还有两个外商，今天可全看你的了。"

下午外商视察，美美娴熟地用英语和他们谈笑风生，仪容仪表优雅大方，瞬间把我和萌萌秒成渣。

人家能出业绩，这是真本事。

而萌萌呢，虽然看似每天埋头苦干，干的却是最没技术含量的活儿，而且心不在焉，效率低，出错返工更是寻常，以至于落得经常加班，才能勉强不耽误事。

对公司而言，美美是不可或缺的，萌萌是可有可无的。

这就难怪两个人的待遇有天壤之别了。

[4]

后来我又经历了几家公司，但我再也不会像萌萌一样嘀咕什么公平不公平了。

你做出多大业绩，就领多少工资，这就是职场里最大的公平。

至于工作中的曲折和牢骚，还是说给自己听听吧。

没有功劳，也有苦劳，这种念头才是职场的大忌。

要是人人都哭诉自己的苦劳，而没有像样的功劳与之匹配，那公司该拿什么来支付给大家呢？

难道公司也要把自己的难处哭诉一遍，然后大伙儿抱头痛哭？

当我成为一个成熟的职场人的时候，我已经学会像个战士一样，用最简单的话回答上级。

只有能或不能，是或不是。

[5]

　　有一年写年终总结，我突发奇想，把诸如"新年伊始"之类的话都省掉了，而是做了一张报表，分条罗列了几组重要数据。

　　从这几组数据，老板能够清楚地看到我今年都为公司做了什么，明年打算做些什么。

　　老板看了很高兴，把它打印了很多份分发下来，要求大家以后就按照这个格式来写。

　　时间紧，任务重，哪有工夫去重复那些无关紧要的寒暄。

　　在激烈的职场竞争中，把成绩摆到桌面上，比什么都有说服力。

你需内心强大而丰盈

{ 怕麻烦，
你还是别工作好了 }

不论在生活中，还是在工作中，人生常常一个麻烦接着一个麻烦，然而不幸的是，当你试图躲过一个麻烦时，另一个麻烦正在不远处向你招手呢。所以，与其躲避，不如直面，调整好自己的心态，做出应有的努力。有一天，你会发现，这些曾经让你头疼不已的麻烦，让你终于成了不可替代的那个你。

[1]

我小时候巴望着能够迅速长大。

要说做小孩可不是一件轻松的事情，我有个严厉的父亲，动不动给我提要求定目标，我觉得当小孩真心累啊。

于是我觉得还是当大人上班好。我有时候放学后会去我父亲的办公室玩一小会儿，我发现他们上班就是一张报纸一杯茶，好像很优哉游哉的样子。

那个时候父亲是做信访工作的，有一次放学，我背着书包去他的办公室，结果发现他的办公室里有好几个人，其中有一个长者情绪很激动的样子，在他的办公室大吼大叫。父亲对我挤眼睛让我迅速离开。我赶紧离开，依稀能听见办公室里的吵嚷。隔壁办公室的叔叔对我说，今天下午有个老干部上访，据说事情很棘手，我父亲正在想尽办法安抚对方情绪，估计照这个情绪，一下午都难以平息。

我头一回感受到原来父亲的工作也是很麻烦的啊。

那段时间，因为工作关系，父亲每天很晚还在写材料，常常忙到半夜也不休息。

我是个特别怕麻烦的人，就在想，以后从事什么工作可以相对简单一些？于是母亲告诉我，那就学会计吧，至少以后不用看人脸色，只要把自己手头上的事情做好就可以了。

结果我发现自己再次犯了个错误。

[2]

会计首先需要核算精准，光核算这一块儿，就要学一大堆科目和借贷记账法，这个学科的记账、登账、出报表都有一系列的准则要遵守，连装订凭证都要装出三角拐，我真心觉得怕麻烦的我算是入错了行当。

我的第一份工作是在工厂里当会计。那个时候每天都要跑腿，去银行拿回单啦、开票啊、报销啊等。通常是，我在单位没人找我，可当我一脚踏出办公室的门，各种电话就纷纷而来，说什么有单据要报销，请问你什么时候回来，等等。

我真心一个头两个大，在心里骂了这个专业一万遍。

长此以往，我觉得自己的工作简直太被动了，每天浑浑噩噩忙活了好久，却不知道自己在忙些什么。我在纸上写上我每个月的例行工作，我发现自己不能再被这些突发事件牵着鼻子走。认真思考后，我有了一个想法。

我壮起胆量和财务部领导沟通，说不能天天坐等其他部门的人上门找我办事，我需要自己规划工作时间，将开票和报销时间做个规定，这样我就能安排手上其他事情了。

领导微笑着点了点头，鼓励我继续说下去。

我说按照目前的工作习惯，每天都有人来财务部报销或者开票，我统计了下，发现每周二、周四开票量最大，而周五则是报销的小高峰，所以不妨把开票日设定为每周二、周四下午两点到五点，报销日设定为每周一、周五下午两点到五点。领导说好呀，你的提议很不错，不过还需要加一点，如果其他部门有特别紧急的情况需要报销或者开票，需要提前和你报备，灵活安排。

然后我就出台了财务生涯中的第一份通知，我依然记得那份通知的名字，叫作"统一公司开票时间和报销时间的通知"。

这两件事情规范了之后，我发现自己的工作不再像以前那样毫无头绪了，我也渐渐养成了一个习惯，每天去办公室的第一件事情，就是把今天要做的工作按照轻重缓急进行排序，然后每天下班之前检查一下有哪些已经完成，还有哪些是未完成事项，后面又该如何跟进等。

回到如今很多职场新人面临的现实问题。我想起自己作为新人在职场中摸爬滚打的日子其实并不快乐，但在这个过程中我渐渐发现，很多麻烦之所以觉得麻烦，可能是因为工作方法不够高效。

[3]

有好多人认为，会计是个越老越吃香的工作，所以总会有前人告诉你说，慢慢熬吧，熬过去就好了。

其实熬是一种消极被动的应对策略，好多麻烦，如果你不去学会面对和解决，你熬到白头也不会有任何有价值的成长。

后来我到一家民营企业做财务经理，有一年年底公司接到税务局稽查的通知，我们财务部都炸锅了。

财务部一时间气氛非常紧张，大家脸上的表情都相当严肃，也是啊，税务稽查是每个老板更是财务人员心中的大事。第一次遇到这种事情，我想到了一个人，那就是我曾经的师父，一个非常有经验的老会计，当时他在另一家公司做财务总监。

我把他约了出来，请他吃了一顿大龙虾。他听了我的困惑后，告诉我具体的应对方法和策略，我顿时豁然开朗。

我立即和这次税务稽查的专管员取得了联系，鉴于平时和对方关系良好，我了解到我们企业被稽查的原因。在税务人员正式稽查之前，我组织公司会计进行了一次账务自查。

在这次自查过程中，我发现有些会计为了省事，并没有严格按照仓库收发存数据做账，而是当月购买多少材料全部领出。还有些会计为了图方便，不盘点，也不关注库存，直接按照开票确认收入，未体现企业视同销售或者未开票的情况。

针对这两个情况，我们财务部花了一个礼拜的时间进行了账目调整，还特地组织了一次存货盘查。财务部做了这些准备以后，税务机关的工作人员在稽查过程中并没有发现太大的问题，加上师父教我的一些技巧，他们不到三天就回去了。

经过那次稽查，我明白了一个道理，那就是，如果你平时怕麻烦却不曾想办法去解决，总有一天这个麻烦会升级为一个更大的麻烦，朝你扑面而来。

[4]

当我发现麻烦终究躲不掉之后，我就重新思索究竟能不能避免。如果无法避免，那么不如发挥主观能动性，通过加强学习或者请教他人的办法，将这些麻烦消灭于无形之中。

刚进入职场的时候，或许很多人觉得应该学习些职场规则。其实经过了这么多年的职场锤炼，我渐渐发现，职场规则中首要的一点，莫过于自己尽快熟悉自己工作岗位中的技能。

除此之外，我们还需要学会聪明地工作，我们需要对自己的工作内容进行优化，如果可以，我们应该努力让自己不停地尝试全新的工作内容和挑战。

十多年后，我转型走上了财务培训的道路。

一开始我觉得培训工作相对于具体的会计工作而言是多么简单啊。不用自己去处理那些繁杂的账目，只要站在台上把课上好就可以了。然而做了一段时间之后，领导频频找我谈话。

谈话的内容，大致意思是虽然学员反映我上课幽默风趣，但是他们觉得我耐心不足，对学员提出的问题有时候会表现出不耐烦的模样。我当时各种不服，我说领导，有的学员就是领悟能力差，和他说半天都说不通，凭什么要怨我们老师呢？再者说了，老师又不是万金油，确实有些情况连我们自己都没有遇到过，你说要给对方怎样的答案对方才满意呢？

领导笑了笑了说："赵老师啊，你说这些话我就知道你还不是一个成熟的老师啊。"

她说的"成熟"，应该是指心态，这也是我后来才体会到的。

[5]

每个职位都凝结着受众以及同事领导的期许，我们不能视若无睹。

比如作为会计老师，当学员有困难的时候，哪怕其他学员对他冷若冰霜，老师绝对不可以冷漠，因为他也是鼓起很大的勇气向你提问的，他心里也在打鼓，怕老师拒绝他，怕老师嫌弃他的问题简单，所以这时候我们需要做的就是耐心、耐心，再耐心。即便自己不懂也可以找人问啊，我们老师比学员的资源多，可以去问更有资历、经验的前辈，问出结果后自己先理解，然后尽可能帮助学员渡过难关。

后来我渐渐明白了，很多事情不是我一个人做好就可以了，更不是我觉得自己好就可以了，大家觉得好才是真的好。

也是在培训行业历练了几年后我才渐渐明白，那些看上去让你感到非常头疼的麻烦，其实恰恰就是你自己的软肋或短板所在。

比如让很多职场新人看着头大的规章制度，其实凝结了很多职场前辈的心血，是在解决问题的过程中留下的行之有效的方法，如果我们能够尽快适应并使用这些制度规则，我们的办事效率将会得到质的提升。

有人说上班很麻烦，于是他们出去创业，结果发现当老板远比做员工麻烦得多。人生常常就是一个麻烦接着一个麻烦的过程，每个阶段都会有对应的麻烦，这个世界不会因为你只是个打工的，就让你的麻烦少一些，也不会因为你当上了老板，就让你的麻烦少一些。

我认为，能够不怕麻烦积极应对，就是一个成熟的职业人应该有的心态。

有的人依靠自己的努力加正确的方法，把目前的麻烦与难题解决掉，在一次又一次解决难题的过程中积累或成功或失败的经验，让自己下一次的决定更加成熟理智。

对任何一个职场新人而言，遇到很多困惑实属正常，有些时候你可以通过观察前辈的言行，学到很多书本没有的经验，当然他们的经验不是万能的，但至少能给你提供可贵的参考。

作为一个在职场中打拼了十几年的财务工作者，我只能告诉你，没有一种工作是不麻烦的，你想要一个离家近做着轻松、薪水还高的工作，你首先应当掂量自己是否具备相应的能力。

毕竟在职场中，成长是我们一辈子的课题，而麻烦也将如影随形。

{工作中，没有谁比谁轻松如意}

最近有刚毕业的小孩子问我，刚进职场的时候，遇上工作上的难处怎么办？还有就是从校园过渡到职场，人的心态该怎么调整？另外就是，刚刚开始工作的时候收入不高，该怎么解决生存的问题？

我看见朋友圈里有人发了一条状态，说十年后你回头看今天这一刻，自己所遭遇的一切，那都不叫事，真的。

然后我给他回复说，哪里需要十年？一年的光景，就足够让你感觉千山万水物是人非了。

最近跟一些老同学聊天，说起刚进职场第一年的感觉，想着那个时候自己去餐厅吃饭也得先看看菜单的价位到底是个什么水平，有个男生说自己那一年连续一个月都在楼下的快餐店点麻婆豆腐，这样可以既下饭又省钱。

或许你以为我要说的是一个逆袭的故事，可是我要说的是，这个男生如今依旧不是花钱大手大脚的人，他已经积攒了几年的工作经验跟人脉，如今遇上了很好的投资人开始自己创业了。只是如今的他每次请我们吃饭的时候，已经不需要像当年那样计较菜价了，也就是说，他心里不慌了。

回到前面那个刚毕业的小孩问我的问题，我本来一开始的回答是想告诉他，你得熬，熬过去就好了，用我闺蜜的话来说，只要你没死掉，那就一定能过上好的生活。我还想用尼采那一句"那些没有消灭你的东西，会使你变得更强壮"来安慰这个小孩。

但是想了一会，我就删掉了刚打出来的一排字，然后敲出了另外几个字回复他：没有一种工作是不委屈的。

这句话不是我说的，是很多年前我看《艺术人生》，有一期采访了我最喜欢的刘若英，朱军问她，为什么你总能给人一种温和淡定、不急不躁的感觉，难道你生活中遇上难题的时候，你不会气急败坏吗？刘若英的回答就是，那是因为我知道，没有一种工作是不委屈的。

很多人都知道，刘若英在出道前曾经是她师父，就是著名音乐人陈升的助理。刘若英在唱片公司里几乎什么都做，甚至要洗厕所，她跟另外一个助理一周分工洗厕所，那另一个助理的名字叫金城武。

作为一个非职场新人，我这三四年的工作感受是美好多于不快乐。但是在这个过程中，我自己感悟到的一件事情就是，我以前总以为熬过这段时光就会好起来，这种观点有可能是错误的。

一是没有人能给出答案，所谓好起来的生活是什么样的。二是在需要熬过去的日子里，很多时候只是我们当下觉得困难重重，殊不知你所经历的，也正是大部分人正在经历的。当然除了那些极端个别的案例。

刚进职场的时候，我们要学习基本的职场规则，要尽快熟悉自己工作岗位的必要技能。我觉得大学里学的那些东西，在工作中能用到的很少。这个时候，一个人的学习能力和领悟力颇具竞争力。当然除此之外，更多的是我们心态上的调节。小事，我该不该跟隔壁的同事打一声招呼，大事，比如直接领导给我安排的事情跟公司的流程规则有冲突，我该怎么办？

你有没有发现，这个时候你就像一个在黑暗中独自摸索的孩子，没有家人，没有老师，没有师兄师姐可以问。周围一群陌生人穿梭于办公室的走廊，就像电影里的快镜头，你身后的景象千变万化飞速流转，你自己一个人孤独地停留在原地。

我自己本身是个慢热的人，加上性格内向，所以在职场第一年里，我的状态就是很恍惚的。我自己经常会在座位上边干活边发呆，这时候，周围的同事或者领导喊我的时候，我总是会很久才反应过来，然后"哦"一声。这个时候，领导已经走远了，我赶紧向身边的同事求助，问领导刚刚说了什么事情，接下来赶紧各种处理。但是因为同事很多时候传达得不够准确，很多细节问题没有交代清楚，我又不能去问领导，因为我刚刚回答的态度是我已经知道该怎么做这件事情了，于是我就懵里懵懂地把事情做完，结果可想而知，肯定是退回来修改。

　　也是因为这样，很长一段时间内，我差点得了抑郁症。因为觉得自己怎么做都不对，方案交上去，领导没有回话，PPT演示完了，同事的表情就是没有表情，做分享会的时候想把气氛弄得活泼一点，但是不知道怎么把握一个度……就是这种没有人给你反馈的状态，让我觉得自己被冷落了。

　　几年后，我自己才慢慢明白，作为一个职场新人，别人都是在观察你的所作所为的。你没有多少经验谈资，所以他们看到的只是你的个性表现和基本的职业态度。而你表现出彩的那部分，即使他们欣赏，也不会表现出极其欢喜的样子。他们不是你的父母，也不是你的恩师，他们没有必要鼓励你。当然从另一面来说，他们也不会因为你做得不对而批评你。这种不悲不喜的状态，或者就是所谓的职业成熟人的状态吧。

　　所以，就是因为这种看似不被认可的状态，你会感觉自己一直做得不好，而且也不知道怎么才是对的。还有就是，如果只是坐在座位上干活也就算了，很多时候你需要跟各种同事打交道，他们没有好坏之分，他们只有跟你的磁场合与不合的感知。于是，你觉得有时候很小的事情沟通起来很是吃力，哪怕就是申请个印章，哪怕就是填一个流程审批表，一步步关卡让你觉得就像冒险游戏一样。只是这一场游戏里，没有刺激好玩的那一部分，只剩下闯关的寸步难行。

也是几年后我才明白，那些你看上去吃力的部分，其实恰好就是维持职场有序进行的准则所在。正是这些当年看起来死板麻烦、密密麻麻的种种规章制度，才是一个新人学习东西最快的教材。因为这些准则都是一年年完善补充过来的，你熟悉得越多，适应得越快，你的焦虑感就减少得更多。

很久以前，我一直告诉自己，熬过了这一段时间就好了。但是我慢慢发现，"熬"这个字已经不能带给我力量了。我渐渐意识到，当我在事业上开始有积累，我期待自己可以管理一个团队、接一个好的项目，这个过程中，必然就涉及很多我以前没有接触过的部分，比如如何架构团队任务，比如说如何跟其他部门的同事打交道，比如说要预估项目能否按时完成的风险。这些种种比起以前那些刚进职场的小委屈，不知道要复杂多少。

而我也开始知道，那个坐在我对面办公室里的领导，他每天需要考虑整个部门的协调状况。那个每天早出晚归的CEO，他需要跟投资人说各种前景跟趋势，他还需要面对各种媒体，与相关部门打交道。

我身边最近多了很多出来创业的朋友，以前我觉得这是一件很牛的事情，但是时间长了，我也开始辩证地看待这件事情。那些有想法、思路、策略的创业者，大部分都是不慌不忙一步一步慢慢完善，而另一部分人，纯粹就是为了一句"再也不在公司里干，太累了"就跑出来了，结果自己组建团队的时候发现，难处太多了。因为你早上醒来的第一件事情，已经不光是要养活自己，而且还有员工。

于是，那些"自己当老板多自由"的想法，瞬间就没了。这个世上哪有什么绝对的自由。

我在一个创业论坛上认识了一个北京的创业者，他的朋友圈状态每天都是一边给自己加油，一边想执行方案。有一天夜里，我看见他还在加班，于是问他一句，你这么辛苦，值得吗？他的回答是，我一开始就知道，作为一个创业者，你既要有叱咤风云高瞻远瞩的格局和视野，也得有一个能弯下腰当体力工的心态，否则你就不要谈创业了。

他还告诉我，无论你是一个创业者还是职业人，你会发现，每个阶段都有对应的难题，每个角色都会有对应的难题。这个世界不会因为你是一个打工的，就让你的苦多一些，也不会在你成为老板的时候，就让你的牛气多一些。那些纳斯达克敲钟背后的重重苦，是媒体包装出来的幻象里永远不会写出来的。

嗯，在我的判断原则里，他属于理智型的创业者。这种人即使在创业路上走不下去了，角色换成一个职业人，他也不会是糟糕到哪里去的人。

我每隔一段时间就会跟我的闺蜜去美容店做按摩，每次到了那样的场合，其实我有很多的不适应，因为我发现有些顾客总是对服务员呵斥来呵斥去的，我觉得很是不解。闺蜜跟我解释说，这是因为他们在自己的工作岗位上压力大，来到这里就是为了放松的，觉得自己在这里就是大爷了，于是对服务员稍稍不满意就各种宣泄。

说起来，每次去按摩的时候，那些看上去比我年纪还小的姑娘每每问我力度够不够的，我基本上都会说可以了。当她们小心翼翼地试探能不能跟我聊天的时候，我总是第一时间想办法打开话匣子，不让她们尴尬，无非就是聊聊新闻，聊聊老家那些事，这些也都是我愿意说说的。

我跟我的闺蜜说，我们不能像那些顾客一样态度这么恶劣，我们就是从职场新人过来的，我们知道每一份工作的难处与不容易，就像我们去餐厅吃饭上菜慢了一些，催一催也就算了，没必要小题大做。我们改变不了别人，但至少我们可以在自己身上把持好基本的礼仪这一关。

有一次，一个按摩的姑娘告诉我，下个月她就要回老家，不做了，我于是问她为什么，她说自己弟弟去年刚考上大学，需要帮交学费，自己没什么学历，只能出来做这一份工作，现在老家的经济好一点了，所以就不想在这里上夜班，太辛苦了。

后来我渐渐发现，每隔一段时间我去这一家美容店，按摩的姑娘都会换一批新的面孔。于是我开始明白，她们跟我一样，也是慢慢从新人过渡到"老花人"，解决了基本的生存问题后，再去寻找更好的出路。于是又一批新人进来，如此循环。

在我所认识的人里，那个当年请我们吃饭也要看看菜单价钱的男同学，即使如今已经开始创业了，他也依旧是张弛有度地用好每一分钱；那个我在旅行路上认识的，手上已经有十几个项目的投资人，他也需要谦逊耐心地在自己的那个圈子里运营更大的一盘棋局。

没有谁比谁轻松如意，用自己的努力，把自己当下这一个难题干掉，在错误中积攒经验，让自己下一次的决定多一点胜算。

这三四年的时光下来，我不会告诉自己"过了这一段就好了"，如今我会告诉自己的就是，若人生真需要有这一段路要走，我宁可这些委屈分摊到每一个日日夜夜。这样哪怕有一天我真的取得了那么一点点成功，也不至于喜出望外得意忘形。因为我知道，这本来就是长时间努力得来的结果罢了。

当然，如果这条路上有人与你同心，那么这份委屈可能会变得少一些、淡一些，就像我喜欢的一个大叔昨晚在朋友圈里说的那一句：和高人聊天，最大的收获不是获得了什么秘诀，而是知道哪些弯路可以避开。

同样的道理，这些过来人，以及有一丁点资格作为过来人的我，所能告诉你们的就是，没有一种工作是不"委屈"的。明白了这一点，或许我们对所谓"会好起来的"期盼不再是一种极致追求、需要马上呈现物化的东西，或许就是一种潜移默化的进步与慢慢变好。

　　毕竟，无论在什么样的岁数里，成长这件事情，都是我们灵魂里一辈子的课题。

{ 你都没有证明自己，我凭什么要认可你 }

有人开了公众号写文章，每天推送，风雨无阻，折腾4个月，不到50人关注。他很苦恼，找我出主意。我问他写文章的初衷是什么，他说得很实在：想提高阅读量，让更多人看。

我说既然如此，那你至少要统一写作风格，不能像现在，今天一篇随感，明天一篇日记，絮絮叨叨，没人喜欢看这些。

他极不情愿："我的文章很专业，实在不想为了迎合读者，降低自己的身份。"

我立即给他介绍了一个名为"知识分子"的公众号，由三位学者主写。论专业性，它自称第二，没有哪个公众号敢说第一，但这也丝毫不妨碍人家阅读量飞涨。

文章无人问津的原因，说到底，还是自己的功夫不纯熟。

但这位仁兄仍固执地认为：我写不出阅读量"爆棚"的文章，只是因为我不愿迁就，不愿迎合大众而已。言下之意：如果我能降低身段，迎合读者口味，文章阅读量会猛增。

这位小哥实在是有些过头了。

这种心态，会导致许多问题，最明显的后果，是会营造一种"我本可以，只是我没去做"的自我欺骗的假象。

有些人考试砸掉了，心里嘀咕：我本可以考得更好，只是最近玩得有点过。要是静下心学习，保准能拿个保送名额。

真的能拿到吗？

多半是拿不到的。但这样的借口，会让自己舒服一些。我成绩差，这很正常，毕竟我还没有拼尽全力嘛。

经常这么想的人，一辈子也不会拼尽全力。

还有刚入职时，身边有一些我看不上的人，讲笑话像机关枪，能讲一个小时不喘气。逢男人就称哥，遇女人就叫姐，一口一个兄弟姐妹，叫得特别甜。

公司聚餐，他们第一个举起酒杯，敬天敬地敬主管，敬左敬右敬上司，漂亮话一个接着一个。在我眼里，这些话都是废话。

后来轮到我敬酒。话到嘴边，哑了。上唇碰下唇，哐了半天，喉咙里蹦出四个字：

吃好，喝好……

我感觉到空气中忽然弥漫了一种病毒，接触病毒的人都立即得了癌症——尴尬癌。

我以为这些嘴皮子功夫，谁都会讲。那些端茶倒水的眼力，谁都能有。但每次聚餐，我都会被打击，动摇，直至发现：

我不是不屑，而是不能。

人们总是搞不清楚"不屑"与"不能"的区别。

理科生以为文科生都是死记硬背，简单得很，但学了文的人才知道，文科哪有那么容易；白领以为房产中介的销售只要"脸皮厚"就能干，根本不需要技术含量。但就是这些销售人员，奖金没准比白领还多。

市场经济是相对公平的。一个人的不可替代性越高，价值就越大。与他是什么身份、文科理科、坐办公室还是跑大街，半毛钱关系都没有。

这让我想到一个实习生。公司把他招进来，只是想让他做最枯燥的基础工作：

收集数据。

百度、Google，把关键字敲进去，挨个网站浏览，找到相应信息，填到表格里。就是这么一个毫无技术含量的事情，这位实习生硬是用Access做了个数据库出来，还写了篇文档，总结自己在搜集数据过程中发现的规律。

没有一个人能做到这种程度。老员工也做不到。以至于我听说这位实习生几年后成立了自己的公司，盈利状况良好时，毫不惊讶。

什么是不可替代性？

这就是不可替代性。

我设想过，如果刚毕业那会，让我去做类似收集数据的工作，如此毫无技术含量、枯燥至极的事情，我一定是不屑于投入精力的。我会认为自己的价值远高于手头的工作。

我会懈怠、不满、迷茫，寻求跳槽，也许真的能跳成。但多半也会很快发现，新工作换汤不换药，照旧埋没了我的才华，枯燥无味。死循环一遍又一遍。

似曾相识吗？

没有比陷入这种死循环更可怕的事了。

我以前想通过写文字养活自己。这很难，能写字的人多如牛毛，客户又凭什么选我？于是只好硬着头皮笔耕不辍，一篇接一篇写，发表在专栏里、各个平台上。免费，分文不取。

写了近一年，换来些阅读量，才陆陆续续有一些公司愿意试着和我沟通，为我提供挣几个白面馒头的机会。

如果我没提前付出，想必现在仍然无人问津。毕竟，谁也不会相信一个证明不了自己能力、空口无凭的愣头青。

所以，重点在于证明自己的能力。

就像上文提到的那个实习生，如果他对待手头的工作采取排斥的态度，并把这种不屑的心态延伸下去，想必世上又会多一个得过且过的人，一个永远认为自己大材小用的人。

社会规则本就如此。想要升职或加薪，你必须要表现出超过本职工作的能力，并持续一段时间。

如果仍然不屑于把当下的工作做到极致，就没人会认为你有胜任更高层级职位的水平。这是个很现实的问题。

我们相当于货物，公司相当于买主。

想要证明自己的价值，你得先让买主认可你是件好货。

想要证明自己是玫瑰，你得先开一朵玫瑰花。

{ 试着换个角度
看待职场上的问题 }

[1]

在几年工作当中，我总是会接到这样的留言，无论是自己的亲戚朋友，还是网上的学弟学妹。

当他们在毕业不久之际，总会遇到一些相同的问题。而这些问题总是无形地改变着他们的生活、思想，以及未来。

如何缓解自己在工作上的那些坏心情？

这些问题大致都离不开职场上上司的训斥和责骂。这些问题其实算不上压力，而他们会惯性地认为这就是压力，久而久之，就会牢牢地将自己的思维固定在一块，认为这是正常现象，工作与人生最后也只能是平庸下去。

人有心理活动，自然就有心理学。

有专门的心理学教授曾研究过这一现象的产生，大多都与心情有关。

就比如，一些人会因为上司的夸奖而越发努力，也会因为上司的批评而得过且过。

喜怒哀乐都会因为自己的上司而产生，这种状态其实并不可取。

只有当我们能正确地直视自己的问题的时候，我们才能真正在职场做到游刃有余。

[2]

在我妹妹刚参加工作那会儿，她总是感觉自己做得不够好。因为在职场有许多事都是身不由己，而且这份工作是自己千辛万苦才找到的，所以她不到最后关头也只能咬紧牙关地做下去。

可是慢慢地她发现，自己的学历虽高，却总是做着最基础的工作，这实在是有点大材小用了。

于是她那颗当初奋斗的心开始起了变化，工作不如以前认真了，上班也经常是干一会儿休息一会儿，领导看到她这样也免不了要责骂一番。

有一次，因为工作上的一个细节上的小错误，本来是可以避免的，但由于她的疏忽，导致公司一些数据出错。领导在办公室也是气在心头，对她痛骂了一番。

她被领导训斥之后，满腹委屈，便跟我打电话。

其实我并不是一个会安慰人的人，只是勉强告诉她，你那是心态有问题，你不妨换个角度看问题，如果你是老板你会不会原谅常犯低级错误的员工呢？

因为是女孩子，而且刚毕业没多久，本以为作为哥哥的我会安慰她一番，却没想到我会这样。她在电话那头对我大声呵斥，然后气冲冲地挂断了电话。

[3]

那一天她下班之后，自己一个人走在公园里，看着街边走来走去的形形色色的人。

突然，她遇到一个正在带小孩散步的妈妈。

小孩笑得很甜，似乎有种想要她抱自己的意思。奈何自己心情差到极点，也只能勉强挤出一点微笑。

小孩的妈妈可能是一个有过经历的人，看到她眉头紧锁，便对她说：

心情这个东西，人都会有好有坏的时候，最重要的是看你如何去解决它，而不是一直纠结它的存在。

妹妹听完自己也冷静下来，然后心想，职场好像就是这样的。今天的错也在于我，而我反而不能很好地面对自己所犯下的错，这种情绪一直影响到现在。

对于我和老板，以及我哥来说都不是好事。

于是她拿起电话，很高兴地打给了我，并对我说：

哥，我想我知道我以后该怎么做了。

那是改变她的一件事，也是改变她的一天。

从那以后，她给我打电话也从当初的抱怨，变成了报喜，从当初的发牢骚，变成了现在的努力升职。

当我写下这篇文章的时候，她刚挂下电话不久，最后她说了这样一句话：

任何事其实都要先从自己身上找原因，一件坏事的发生，很容易成为下一连串坏事发生的导火索。

我写下这句话，送给每一个职场新人。

[4]

其实不只是职场，生活中也是如此。冲动是魔鬼，我们都知道，可我们都很难控制住自己。

我们很少关注这个问题，总以为心情这种事是得不到控制的，其实是你自己控制不了，并不是不能控制的。

人在心理学上的研究，有助于改善人心理上的问题。尤其是在二十多岁初入职场的年轻人，这种心理上的变化很容易改变一个人最终的发展和未来。

职场是一个考验人、锻炼人各种素质的场所，你会因为心态的原因而走上不同的道路。

试着换个角度看待职场上的问题，或许会"诞生"一个不一样的自己。

{ 你的心态将决定 你前行的方向 }

永远不要满足于现状，走得越远，看到得越多！

很久以前，曾经有三只小鸟，它们一起出生，一起长大，等到羽翼丰满的时候，一起寻找成家立业的地方。

它们飞过了很多高山、河流和丛林，飞到一座小山上。一只小鸟落到一棵树上说："这里真好，真高。你们看，那成群的鸡鸭牛羊，甚至大名鼎鼎的千里马都在羡慕地向我仰望呢。能够生活在这里，我们应该满足了。"它决定在这里停留，不再往前飞了。

另外两只小鸟却失望地摇了摇头说："你既然满足，就留在这里吧，我们还想到更高的地方去看看。"

这两只小鸟继续飞行，它们的翅膀变得更强壮了，终于飞到了五彩斑斓的云彩里。其中一只陶醉了，情不自禁地引吭高歌起来，它沾沾自喜地说："我不想再飞了，这辈子能飞上云端，便是最大的成就了，你不觉得已经十分了不起了吗？"

另一只鸟很难过地说："不，我坚信一定还有更高的境界。遗憾的是，现在我只能独自去追求了。"

说完，它振翅翱翔，向着云霄，向着太阳，执着地飞去……

最后，落在树上的小鸟成了麻雀，留在云端的成了大雁，飞向太阳的成了雄鹰。

麻雀、大雁和雄鹰，它们的命运为什么不同呢？

启示：

一个很明确的答案就是：它们对自我的要求不同。麻雀满足于树梢，所以它的世界只有几丈之高；大雁满足于云层，所以它永远都飞不出层层云雾的缠绕；雄鹰则不懈追求，力求最高，所以它的世界阔及宇宙。

三只小鸟不同的生命追求，恰与企业中的三种人状况相似。

第一种人如同麻雀。他的起点较低，所以飞得最低。这是因为，他们在工作的过程中，一味地满足于"差不多就行了"，做事不到位，处处找借口，拖延、倦怠、失责已经成为他们的习惯，最后只能成为企业中的"烂苹果"，被企业踢出去。

这类员工若想继续在职场中立足，必须转变工作观念、端正工作态度，将目标"拔高"，努力前进，如此才可能扭转职场中的不利态势，赢得发展先机。

第二种人好似大雁。对麻雀的"树梢高度"充满了不屑和惋惜，所以他们选择了继续高飞，但也仅仅止于表面上斑斓无比的云层。这些人虽然做事勤恳，能够尽量将任务完成，但容易满足于现状而失去进取心，最后也只能成为普通员工，一旦有所松懈，就有可能像"麻雀"一样被企业"踢出局"。

这类员工若想避免厄运，就必须从此刻积极主动地改进自己的工作方式，树立更高的工作要求，尽职尽责，忠诚敬业，积极充电，成为职场中的常青树。

第三种人犹如雄鹰。雄鹰志向高远，它的目标是云霄，是太阳，是无止境的高度，所以也只有它能够飞得最高、看得更远。而这样的员工也就是企业最需要的人——称职的员工。他们尽职尽责，把工作视为生命的信仰；他们往往能永远超出老板的期待；他们做事到位，拥有完美的执行力；他们精益求精，让自己无可替代；他们做事高效，忙会忙到点子上；他们精于思考，带着思考来工作；他们目标高远，凡事追求最好。

你是三种员工中的哪一种呢？

　　公司一个"90后"男孩辞职，来跟我道别，他是公司去年刚从学校招来的培训生之一，身上具备了阳光、聪明、激情等优点。在新人中，他很被看好。他一提出辞职，听闻的相关人员都极力挽留。但他铁了心地要离开，表情里有着一点毅然决然，甚至带着一些愤恨。"我实在受不了他的咆哮，"他说，"他像疯了一般当众骂我，太伤自尊了。"

　　他口中的"他"，是他的直属领导，一个对自己和别人都要求甚高的人，性格有点急躁。这次事件起因是在一个团队项目中男孩出现了失误，虽然不是什么致命的错误，但是给团队的协作效率带来了一定影响。而他领导的那通臭骂无非就是严厉的批评，盛怒之下，言语中带了点"上纲上线"的内容，譬如拖累了团队。

　　印象中，这不是一个见不得困难的男孩，也努力克服了许多困难，但在这件事情中却显得有点"玻璃心"。受不了委屈是职场上的一个绊脚石，"太委屈"成了很多职场新人心头难以排遣的一种情绪，久而久之就成了心头一根难以自拔的刺。

　　在竞争激烈的职场中，对于在底层摸爬滚打的职场新人来说，被骂简直就是家常便饭。身边的朋友、同事，包括我自己，没有在职场中挨过老板批评的简直就像外星人。我自己曾经历过一次刻骨铭心的挨骂，挨骂源于我的一个疏忽，让竞争对手钻了空子。

挨骂后，我还是保持理智，立刻拿起电话沟通各个相关人员，准备不惜一切努力将不良后果扼杀在摇篮里。在沟通过程中，老板几次三番追到办公室责骂。在第二天早上五点多，问题解决之后，我向他汇报结果，他却淡淡地回复"知道了"，仿佛一切尽在掌握。值得庆幸的是，老板及时发现了问题，我们避免了损失，被批评与避免损失相比，简直不值一提。

另有一位部门负责人在全省会议上做数据通报，被领导抓到不足，当众数落。从讲报告的逻辑到语言的表述，再到表格数据的呈现方式，均被一一纠错，其本人也被领导当众下了"能力低"的结论。但是会议过后，这位部门负责人依然面带淡定的微笑，自我调侃是"打不死的小强"，针对领导提出的每一个批评的细节，他都认真地做了改善。

谁的职场"不委屈"？仔细想来，哪次挨骂不是事出有因？

有时候，委屈无非是自认为委屈。

当然，职场江湖中也不乏真委屈。如果是无意诋毁，何苦因为别人的错误自我惩罚？如果是恶意伤害，你又何苦自我苦闷，得逞了别人呢？所以，即便是真委屈，放下了，就依然内心无恙。

在职场，如若觉得委屈之情经久不散，那你就败了。委屈了，难以释怀，逃离了，这是弱者的自我保护。委屈了，自我反思，改之，尽善尽美，这是强者的人生宣言。你若真无过，也无须辩解，一笑而过，继续轻装上阵。

若把用来体会委屈的时间用来自我反省和提升，那么受的委屈会越来越少。委屈是弱者逃避的最佳理由，却是强者的珍贵养料。

所以，世界那么大，一颗"玻璃心"，怎么走得远？怎么奔跑着追赶时间与梦想？

学历只能供参考，能力才是关键

首先，要向一些同学道个歉，这篇文章，绝对没有要冒犯或羞辱大家的意思。

言归正传。上个月底，"乔布简历"网的朋友邀请我面向正在求职的学生们做个在线分享，讲一讲对找工作有帮助的东西。老实说，我当时是很忐忑的：我自己在大学毕业的前几年，在求职方面非常失败，我的第一份工作，是卖保险；之后，我打算去富士康求职，后来，又因为自知动手能力太差，害怕被开除而作罢。让我来给学生讲求职经验，实际上就等于是让一个失败者给别人讲"如何成功"，听起来蛮滑稽的。不过，后来再一想，我虽然缺乏成功的经验，但我多的是失败的教训啊；教训体验多了，便可减少一些失败的教训。因此，我虽然走过不少弯路，但我的经验教训，仍然是有点价值的。

分享做到一半的时候，小乔同学在QQ上给我说："苏老师，您好动情。""我看到这些孩子的提问，犹如八年前的自己，当年，我比他们更迷茫、更无助。"实际上，看到她写的"动情"两个字，我忍不住鼻子发酸，到后来，直接是泪水在眼眶里打转。当然，这泪水，并不是心酸的泪水，而是自恋的泪水——"当年那么难，我居然能够挺过来！"

下面，我挑选几个问题及我的回复分享给正在找工作的同学，说得不全对，还望多多包涵。

Q：面试官总问为什么没有相关实习经验，该如何回答？

A：最好诚实回答。在这个问题上，不要耍什么花招，你撒谎，很容易被识破。

比方，你是因为一直在准备考研而没有实习，这个原因，不会让面试官对你的影响打折扣。

如果你想尝试去实习，但最终没有找到，也可以告诉面试官。让他觉得，你确实是为找一份实习做过努力的，态度端正。

也可能，你之前是对实习心存畏惧心理，没有行动？如果是这种情况的话，最好用第一种情况来掩饰一下，因为，他无法去求证。

当然，期望值也不要太高，不要指望一个答案能帮你搞定一切。因为，无论你回答得多完美，最终都有可能被拒绝。

Q：不打算从事本专业方面工作，对想从事的工作却又没有任何相关工作经验，能得到面试机会吗？

A：这得看用人单位的具体要求吧。

还有，即便是招聘简章上注明了"有相关工作经验"，你并不符合，但只要其他条件突出，或者，他们确实找不到一个满意的，你也是可能得到面试机会的。

我换过四次工作，每次，都不符合招聘要求，但得到的面试机会非常多。

Q：单位看到简历上学校里的项目经验跟他们做的东西无关，接下来的面试就兴味索然，怎么破？

A：这个问题非常好，实际上，这是很多应届毕业生常犯的一个错误，我以前也犯过。

你不能用同一份简历去应付所有的用人单位。事实上，那些找工作厉害的同学，他们有多份简历，分别投给有不同需求的单位。学校里的项目，如果跟这份工作无关，就别写了。

郑重提醒：简历上，忌讳内容写得满满的，还都是些小事。这种小事，写得越多，表明你越不自信。并且，从用人单位的角度看，这样，太浪费他的时间，因为，没有重点，可能在简历关就把你淘汰了。

不要在简历上写一大堆你修了哪些课程，没什么用。

此外，不要在简历上写你不擅长的东西。

2007年年底，我去昆山一企业面试，是"群面"，面试官首先要求一个女孩用英文做自我介绍，那女孩说她不会。面试官问：你不会，可是，你简历上写的是达到了英语四级水平。那女孩辩称：可我确实通过四级了啊。这时，面试官说：自己不擅长的东西，就不要往简历上写；写在简历上的，一定得是你自己擅长的东西。

不求多，求精。比如，你只是学生会里的一个普通干事、校园超市里的一个店员，这个职位，毫不起眼，但是，如你能在简历中写你在这份校园工作中的收获，写透，写别人想不到的地方，这样，面试官就会对你很感兴趣。

再一个是，有个性。

我在2013年从销售转行做记者，一般，媒体招聘记者，要么要求有相关工作经验，要么要求应届毕业生，但我两者都不符合——我毕业6年了。于是，我在简历上写了自己在博客、人人网上的文章受欢迎程度，还加了一句"杂文的灵感来源于跟男人'抬杠'的过程，散文的灵感来源于跟女人'调情'的过程"，"高中以下学历者读起来不觉深奥，博士生导师读起来不觉肤浅。"这种，就很吸引人，直到现在，两年半过去了，我的领导还经常念叨起我的简历。

总之，简历，不要拘泥于条条框框，最好能呈现一个独特的你。

Q：如果要读研究生，本科期间实习还有意义吗？是不是研究生比本科生更具有优势？我听很多学长说本科的知识到公司很少能用上。

A：问题非常好。

你本科期间实习的目的是什么？

你在本科期间的实习经历，哪怕是跟你要找的工作毫不相干的实习经历，也是有帮助的。为什么呢？在用人单位眼里，你只要有过一份实习经历，哪怕跟其需求无关，你也跟别的应届生不同了。

"没经验的应届生"，这个身份，本身具有一定劣势；因此，你找一份实习去摆脱这个劣势，是必要的。哪怕是"端茶倒水"的经历。因为，我就是从简单的事情做起来的。但当我干过这种工作几个月后，再去找工作，发现，面试机会一下子增多了。如果底子确实不好，不妨走"曲线救国"的道路。

{犯过这么多错
却又勇于面对}

这是一堂投资鉴别课，给学生们上课的教授先介绍了两位投资大师。

甲大师的办公室专门隔出了一间荣誉室，里面摆满了各类奖状、奖杯、匾额、荣誉证书。在这数不清的荣誉里，有甲大师所率领的投资公司在某某年赢利过亿的显赫荣耀，也有这家公司某某年纳税过千万的税务证明，还有各类报刊对甲大师以及他所领导的投资公司的采访报道。

乙大师的办公室很简单，不但没有荣誉室，相反却设置了一面"错误墙"。乙大师将自己犯的错误整理出来，挂在墙上，每天到办公室时都回顾一遍自己的错误。这面"错误墙"上，挂过数十家公司的股票，其中一家公司的股票曾两次露脸，一次是因为依据错误的原因买进，另一次则是在错误的情况下卖出。

教授介绍完甲、乙两位大师后，问学生："如果你们手里有钱，你们会选择哪位大师替你们打理？"

学生丙说："我会选择甲大师，因为他有成功的经验、显赫的荣誉，把钱交给他，肯定我的钱会快速升值的。"

学生丁反驳说："我不会选择甲大师，因为我不相信那些荣誉。几乎所有的公司都能找到成打的奖状、奖杯、匾额、荣誉证书。不要认为荣誉多，该公司就取得了什么特别卓越的成就。过多、过滥的奖项背后，反映出来的问题，使荣誉严重贬值，甚至一文不值。其实，荣誉多少倒是无所谓的，我只是对甲大师设置荣誉室的目的猜不透，他是想一味沉浸在过去的幸福中，还是想向客户炫耀什么，以达到什么目的？我觉得，一个对客户负责的投资大师应该把全部精力用在理财研究上。钱财是实的，不是靠宣扬以前成绩来获得新的利润的，除非是诈骗。"

教授问学生丁："既然你看不起甲大师，那你会选择哪位大师呢？"

学生丁回答道："毫无疑问，我会选择乙大师。懂得金矿知识的人明白，那些色彩斑斓、奇形怪状的石块并没有采炼价值，能够提炼出黄金的是那些颜色发暗、并不引人注目的矿石。乙大师注重从错误中汲取教训，引以为鉴，恰恰能避免再次犯错误，另外，知耻而后勇，乙大师必能全身心地研究投资市场，在今后做出不凡的业绩。"

学生丙反对道："祸不单行，错误会接二连三，乙大师是不值得信赖的。相反，甲大师的荣誉会激励他再创辉煌。"

等学生们回答完了，教授总结道："我不能简单地说你们两个人谁说得正确、谁说得错误，我只是知道恐惧夜行的人，会大声说话；另外我还知道猎豹捕食羚羊时，会先悄悄接近，等算计好后，再猛地扑向已经瞄准的弱小羚羊，即使这样，猎豹的成功率还不是很高。在这里，我想向你们讲授的是：类似甲大师的人遍地都是，而具有乙大师气度的人极少，华尔街的投资大师戴维斯是其中之一。他就设置了一面'错误墙'。当客户看到戴维斯犯过这么多错却又勇于面对，认为他在未来犯的错会越来越少，从而放心地把资金交给他打理。在戴维斯的带领下，他们的投资公司跻身优秀团队的行列。"

学生们明白了，选择甲大师并不见得是一种错误，但他们的教授更推崇乙大师。其实，投资是一项风险极大的事情，就算拥有"股神"之称的巴菲特，也是尝尽了失败的滋味。

学生们细细品味教授的话，领悟出了更多更多的道理。

你需要懂点人情世故

永远专注自己的工作，

不卑不亢，

让自己逐渐变得重要才是真正要紧的事。

因为只有你自己发光，

才能驱赶黑暗。

只有你自己发光，

才能被人发现。

{ 行走职场，
不做烂好人 }

我有个朋友小A，她在一家知名网络公司上班，主要负责微信公众平台的运营，带了一个五个人的小团队，接房产、汽车等行业的公众号，运营其内容，每天忙忙碌碌的倒也充实。

因为一直以来不间断地努力创新，口碑也越来越好，所以近两个月，客户猛增。前几天与小A见面，她说，最近客户越来越多了。

我说，客户多，是好事儿啊，你的提成就多，收入节节高嘛。

是啊，但最近我尤其苦恼，每天都被工作的事情搞得身心俱疲，愁容满面。

为什么啊？你的工作强度也不大啊？

但是客户的问题很多，每天除了解决好应有的工作以外，还要处理客户自己对新媒体，O2O及个人公众平台运营等的问题。

比如，亚希地产的张总，自己还经营着个幼儿园，让她帮忙给申请个微信公众号，她想申请公众号简单啊，只要资料齐全就OK，可这个张总，每天很忙，打电话找不着人，但每次开会遇到时，张总就问，公众号申请好了吗？她说：没有呢，你把你的身份证复印件及营业执照等资料发我吧。

用你的身份证就行，我不需要加V认证，所以开个个人号就行，这事就这样吧，我着急用，你是专家，抓紧时间给办理了吧。

小A无语，其实她的身份证已经帮五六个人开了微信公众号，早就超出了开通权限，但张总丝毫没给她解释的机会。无奈，小A用了自己男朋友的身份证号帮张总开通了微信账号。

那么问题来了，张总前几天又打电话说，他姑姑经营了个水果店，还有他朋友开了小超市，让小A帮忙给开通两个微信账号。

虽然开通微信账号本身是个小事情，但也耐不住接二连三地来啊。

还有之华房产的李经理，自己跟几个朋友准备做韩国护肤品的微商，约她和他们一起吃饭，让她帮忙想想该怎么运用O2O的模式？怎么打开市场？怎么成功营销？

这个小A真心不太在行，就建议做微信服务号，采用多媒体拉页，互动游戏及图文推送等模式进行前期的推广。

之后李经理的朋友就一直打电话发微信让她帮忙写微信前期的文案。

小A主要是做销售的，文案技术这些活儿做不来，他朋友就说：没关系，你见得多，总比我写的东西好吧，帮帮忙嘛。小A尽管心里很着急，嘴上也没说什么。

还有日化公司的齐主管，办了个午托班，让小A帮忙推荐一些午托班微信运营的内容……

所以小A每天的自由时间，总会被很多客户的求帮忙的事情给占满。她最近感觉生活品质下降，睡眠也不足，精神状态十分不好。

小A是一个很注重生活品质的姑娘，之前每天下班后就去健身、看书、看电影或约朋友吃饭、唱K、看演出，最近确实是销声匿迹了一阵子，给我打电话的次数都少了好多。

我说，这种事情你可以一分为二来看，第一，占用了你的时间，而且也不在你的工作职责之内，所以你可以拒绝。第二，客户找你，说明他们信任你，有事情找你帮忙，但有业务也一定会给你介绍。

小A笑了笑说，我很感谢大家对我的信任，当然他们有业务的话也像我推荐了，但现在让我烦恼的问题就是，业务越多，这些所谓的人情的帮助也就越多。

而我的精力有限，实在顾不上来这么多事情，但是呢，我又不能直接拒绝，他们都是我的大客户，而且关系也不错。我们每个月合作的公众号运营评估都在他们手上，他们评了高分，公司才能收到足额的月费，我们团队才有提成拿。

我要是拒绝了，情面上也过不去，而且万一他们不太高兴，给我们评分低了，那我们整个团队就跟着遭罪。

我现在每天都要做这些不属于我工作范畴之内的事情，整得我现在接客户电话都有些怵怵……

看着小A苦恼的样子，我想起我刚毕业时，在一家地产公司做策划专员，也就是负责简单的案场活动及与媒体渠道的对接。

其中有一项工作就是，每个月给营销部这些合作单位走账，正常的营销阶段，一个月需要支出三四百万的营销费用，每家单位的发票开来后都要按照公司的格式给粘贴好，在本部门签字后，送到财务审发票和资金计划，财务签了字就能付款了。

记得我第一次把几十张贴好的发票送过去时，财务的孙会计就说：我现在很忙，你回去把这些发票都查一查是否正常，查完一并截图发邮件给我，这样就可以节省我签字的时间了。

我就拿了回去，把事情告诉了我们经理。经理说：查发票、审核发票这些是财务的本职工作，但是呢，现在咱们部门着急付款，所以你如果不太忙的话，就帮他们查查吧，多做点也没什么。

我就用了半个多小时，查完了那些发票，但从此之后，我拿过去的所有发票孙会计都让我查好后给她。有时候，我会很忙，没空查发票，送下去的单子三天都不给签，但我也不知道该向谁去说。

本来就是件小事情，而我作为一名没有工作经验的新人，因为没有查发票而延误了付款时间，经理肯定是要骂我的，但这个发票必须是由我来查吗？

后来我负责的事情越来越多，很多时候根本顾不上去查那一摞一摞的发票，所以总是晚上加班查发票，第二天早上给送过去。

我默默无闻地查了半年多的发票，之后，我们换了个经理，她一次看到我在查发票，就很不解，我跟她聊起了这件事情。

她很严肃地告诉我，职场上多做一些是没有任何问题的，但你必须明确自己的目标，找好平衡点，你是一名策划师，就要多做一些与策划相关的工作，比如加班时，可以写方案、写软宣，或修改活动流程、审设计稿，等等。

而不是一张一张查发票真伪。不要光想着做好人，光顾着别人的面子，一定要学会适时地说"不"，拒绝时，务必要让对方了解你的苦衷，但态度要明确，语言要温和。

于是，第二天，我看似不经意地找孙会计聊了聊工作和生活，并说到了自己目前负责的工作很多，时间安排得也很满，所以之后的发票还要麻烦孙会计自己查一查。她也表示能理解，所以也就接受了。

我现在很能理解小A这种心情，特别是在工作中，很少拒绝上司或领导提出的要求，也不懂拒绝，害怕拒绝后，得罪了人还给彼此的相处造成难堪，所以就一再降低自己的标准和原则去迎合别人的需求。

所以学会拒绝是很关键的。

第一，必须明确自己的目标，想清楚自己在职场中的需求和发展方向。如果是本职工作上的帮助而精力能兼顾的条件下，适时的帮助，多积累一些工作经验，对自己自身的发展也是有好处的。

第二，学会沟通，工作中遇到问题，不要闷闷不乐地自己去解决，要想办法去沟通去反馈，如果这个问题已经影响到了自己的生活。

一定要开诚布公地去找对方沟通，不直接明确说出来，他们就以为这些事情对你来说很简单，他们也不会明白你的苦衷。

要多多沟通，沟通时，先倾听再表达，明确自己的立场和目的，让对方了解你的苦衷，并注意语气和态度，尊重对方。相信，沟通会让工作更顺畅。

第三，放正心态，千万不要一味迎合别人的需求而降低自己的标准和原则，不要害怕得罪人。做好自己的工作，坚持自己的原则。努力做事，用心做人，拿成果来讲话。

陆琪说过，大家都以为，帮人才有力量，而实际上，拒绝是一件更有力量的事情。你在职场里学会拒绝，人们才知道你的底线。

你不会拒绝，那么所有事情都是你应当做的，这就是人们的心理状态。

无原则地接受他人的请求不是友好而是"烂"忠厚，找出自己该拒绝的理由，是一种明智之举，也是对人对己负责任的表现。

学会拒绝，不做"烂"好人，这是积极、乐观、努力、向上的我们，修炼成为内心强大的人所必须经历的过程。前路漫漫，继续修行。要学会拒绝，我们不做职场"烂"好人！

{ 千万不要舍弃了 自己的有趣 }

"我就是想不通，他到底为什么喜欢她不喜欢我……"茉莉小姐擦掉一滴颤巍巍欲坠的眼泪，狠狠地咬了一口手中的马卡龙，"我真宁愿他最后选择的是个比我强的人，至少让我输得心服口服啊。现在这算什么？算他瞎了眼还是她走了运？"

我们看着她的愤愤不平会心一瞥，想起她倒追男神三年未果的苦恋，如今被他人一朝轻轻松松摘了去的不甘和失落，便立刻宽容了她那不饶人的刻薄。

茉莉小姐伸出纤纤玉指说："那女生大概有这么高。"她指指自己的肩膀又说："大概有这么壮。"她比画出自己两倍的腰围。"满脸都是双下巴！长得一点也不美，也没觉得有多聪明伶俐"，她白眼帘翻得像是要背过气去，"连王国维是清代人都不知道，还以为是跟周国平一个年代的人，真是贻笑大方。"

她痛快地乱说一通得出结论："这个跟他在一起的女生，肯定是那种卑躬屈膝、俯首帖耳、逆来顺受的类型，所以鲜花才总是插在牛粪上。"

"所以啊……你也要赶快去找自己的牛粪。"我打趣她。

"我才不屑跟那些人在一起呢，"茉莉小姐嫌恶地撇撇嘴说，"整天就知道讨论工作，吃喝玩乐和球赛游戏，我喜欢的人一定要有深度，可以谈人生、谈未来谈文学的灵魂伴侣。"她眨一眨明亮的杏仁眼又说："每天跟公司那些男的一个桌上吃饭听他们聊天，我自己都在玩手机，他们一个小时聊天的资讯还没我刷十分钟知乎获得的长进多。"

抛开失恋之后突如其来的刻薄和怨毒不算，茉莉小姐确实是个内外兼修的优秀美人，就凭她化完妆活像年轻时候的邱淑贞的模样，以及一双大长腿、一副马甲线就足以胜过绝大多数的同性，偏偏好皮囊下生了一副玲珑心，自学着两门外语、会插花、懂茶艺、好读书，又没有公主病和玻璃心。

我看着她消失在暮色中的背影，都觉得有点遗憾，果然爱情这东西全凭感觉，跟个人是否优秀根本无关。

见到茉莉小姐的"情敌"，则是在朋友力邀的一次登山活动中。在车上的时候我正好坐在她前面，出于好奇忍不住偷偷回头多看了几眼，虽不像茉莉小姐描述的那么面如无盐，可绝对也是个掉进人堆就找不到的姑娘。

她并不是那种活跃又热情的自来熟，在发起人要求大家自我介绍的时候甚至有一点腼腆，也并不是那种心细如发体贴入微的性格，车子刚刚开动她就发现忘记了带水壶，伸手去接邻座递来的纸巾时也毫无意外地狠狠碰撞了男神的头。

我有一点点理解了茉莉小姐的不甘心，脑海中全是她的"至少让我输得心服口服啊……"

车上的人很快开始热络起来聊天，最初永远是女同胞在聊八卦，某位歌手吸毒、某位影星公布恋爱、谁谁谁爱了谁谁谁，一会变成男人们在讨论球赛，某位明星、某个赛季更看好谁。这都是茉莉小姐不屑一顾的"浅薄"话题，那姑娘却聊得饶有趣味，看得出并不是某个领域行家，却能适时地蹦出一点冷幽默让讲话的人不必冷场。

当我们都爬得筋疲力尽的时候路过一条小溪，她欢呼一声连蹦带跳地跑过去，一步没站稳立刻绊了一个姿势毫不优美的趔趄，然后回头对着他不好意思地扮个鬼脸，蹲在小溪边一边撩着水一边哼着歌。我立刻脑补出茉莉小姐那一贯优雅从容的身姿，以及她对大街上拉着手蹦跳的中学女生的那句评价："幼稚，一点都不端庄。"

那姑娘抬起头来的时候，大家都一乐，她不知从哪里拾到了几粒红透的枫叶种子，撕开贴在了鼻子上，配上她折叠成牛角状的青灰色帽子和故意做出的凶狠表情，远看上去像极了牛魔王。

烧烤时她像男人一样随意地蹲着，一边帮忙点火，一边笑嘻嘻地回过头跟别人聊着世界十大马桶的排名，那笑脸在阳光下近乎透明，莫名其妙地，就让人忽然有一种感受到生命力的感觉，澎湃又简单，愉悦又轻松。

这样的感觉是茉莉小姐不会有的，她永远都正襟危坐，永远都挂着标准笑容，维持着优雅的身姿，永远都不会蹲在溪边玩水，喜欢讨论的是黑泽明的电影、阿西莫夫的科幻小说和黄碧华的小说，她从来不屑于那些吃喝拉撒睡的世俗话题，也从未恶搞过自己去娱乐他人。

秋日的月亮让人觉得美，接地气的烤红薯却让人觉得快乐。

真心话大冒险的时间，有人问男神："说说你为什么喜欢××。"男神毫不犹豫地回答："因为她是个有趣的人，跟她在一起，不会压抑，也不会觉得无聊。"

姑娘在一边羞红了脸揶揄他："这样啊，我还以为是你觉得我美呢。"

引起一片善意地哄笑："你美，有趣的姑娘最美丽。"

你有没有觉得，有趣要比优秀更难？

做个优秀的人要靠着一股拼劲、一腔好强和一副好头脑，而做一个有趣的人，却需要一副赤子般的热心肠。

我们生活的这个世界，从不会因为你的赤子心肠让出一条路来，所以带上盔甲永远比坦诚待人容易，相信和接纳永远都比怀疑与拒绝更困难。

你从来被教导要去做个优秀的人，要内外兼修、要腹有诗书、要仪态万方，可从没有人教过你，要去做一个有趣的人和如何去做一个有趣的人，将这世界活成自己的游乐场。

我曾经在少年宫的门外见过一个少年，看上去不过十五六岁，背着小提琴包的身影挺拔得像是小白杨，可皱着眉头的神情像是个看穿红尘万念俱灰的老头，远处的草地上两只小狗在撒欢打闹，十分憨态可掬，他停下脚步站在那儿看着，飞快而短暂地笑了一下，露出一点年轻人的朝气，一瞬间笑容敛去，又像是怕被什么东西抓住一般低下头匆匆赶路。

他长大以后，应该会成为一个很优秀的人吧，我猜，会成为世人眼光中有才多金的青年才俊。可是大概，他永远也不会成为那个有趣的吧。像茉莉小姐一样，优秀着、无趣着、孤独着……

你可以努力，可以严肃，可以内向，可以以一千种、一万种方式做个优秀的人，但是请千万不要舍弃自己的有趣。

对一切未知报以好奇，对一切不同持以尊重。去接纳并且喜欢自己，不再遮掩任何欢愉，尴尬，羞涩与失落，去做一些接地气的事情，让自己用心去喜悦，而不是表情。然后用你澎湃的生命力去唤醒另一个人。

你只有成为一个有趣的人，才能遇到另一个有趣的人。

因为有趣，是优秀。

{ 学会倾听，不可忽视 }

倾听是决策的第一步，是取得判断所需信息可靠、有效率的途径，良好的倾听能力是高管获得卓越绩效的关键，但很少有高管能够确实培养此一技能，本文拟介绍一些有效做法。

大多数人在职业生涯过程中，都曾听到别人说自己的倾听技能还有加强的空间。事实上，许多高管把倾听技巧视为理所当然，转而把精力花在学习如何能够更有效陈述发表自己的看法上。这样的做法其实产生了误导。良好的倾听——也就是积极、有纪律地探索、挑战他人提供的信息，以改善信息质量和数量的活动，是建立知识基础的关键。这样才能激发洞见和想法。说得更强烈一点，就我的经验来说，创业投资的成败往往取决于是否妥善倾听（因此倾听也决定了职业生涯长度）。

倾听是一项珍贵的能力，但少有高管花时间培养。

［展现尊重］

身为主管，要是不听取各级人员的意见，根本无法经营复杂的组织。而一名好的倾听者首先要相信每一个人都能做出独一无二的贡献。尊重别人，也因此赢得别人的敬重，从而才有好的想法会从组织的四面八方冒出来。身为一个好的倾听者，会协助对方抽丝剥茧，用新的眼光来解读关键信息。高管必须克制想要

"帮助"资浅同仁的冲动，不要急于马上提供答案。此外，同仁在本身工作以外的领域，也有提出深刻见解的潜力，领导应予以尊重。

有一点特别要提出来的是，态度尊敬并不代表避免询问尖锐的问题。好的倾听者会经常问问题，以挖掘所需信息，协助对方做出更好决策。对话要达成的目标，就是能够自由开放地交流信息和想法。

[倾听时应保持安静]

倾听的指导原则是在交谈过程中，80%的时间由对方说话，受众说话的时间只占20%。此外，应尽量让说话的时间有意义，也就是尽量用说话的时间问问题，而非表达自己的看法。当然，说得比做得容易——毕竟大多数高级主管常有直言不讳的倾向。不过，如果忙着说，就无法真的倾听。不良倾听者要不就是把对话当作是宣扬个人身份或想法的机会，要不就是花比较多的时间思考下一个回复，而非真正倾听对方说话。

放任个人意识阻碍倾听。不能保持安静，就无法倾听。要抑制说话的冲动并不容易，但伴随着耐心和练习，可以学会控制那股冲动，选择在适当的时机加入，改善对话的质量和效能。有些人天生就知道如何在"表达"和"打断"之间划下清楚界线，但大多数人必须靠后天努力才能做到，虽然对话时有不时问问题打断的必要性，以将对话导回正轨或加快进行。但不要太过匆忙。主管要有意识地思考何时打断，何时保持中立、不带情绪地倾听，尽可能延后反驳、避免打断。随着保持静默的能力增强，就可以开始更有效地运用沉默。保持静默有更多机会观察到一些平时可能会遗漏的非语言线索。

［ 要敢于挑战假设 ］

良好倾听的一块重要基石是要从一段对话中获取所需，必须准备好挑战长久以来为人所接受的假设。因此，良好的倾听者会试着了解并挑战每段对话背后的假设。许多主管在当倾听者的路上跌跌撞撞，因为他们没想到开放心胸能从他人那里得到更多的可能性。只要带着尊敬对方的态度展开对话，提升对话成果的可能性就更高。

总之，好的倾听者更能够根据完善的判断做出更好的决策，因而成为更优秀的领导。只要能尊重谈话的对象，保持安静让他们畅所欲言，并开放心胸接纳一些非常规的事实，每一个人都可以开发这项重要的技巧。

{ 你是来工作的
而不是来交朋友的 }

表妹今年刚毕业，进入职场刚刚一个月。昨天给我发信息说：姐，职场的人际关系那么难吗？为什么我怎么努力，都没法跟她们亲近，总是感受被排斥。然后发了一个哭的表情过来。

在我的印象里，一直是乖乖女的表妹，顺从听话，性格也活泼开朗，虽说不是人见人爱，但至少不会惹人厌。所以我听到她提到同事对她排斥觉得有点奇怪。我当下就打了个电话给她，问她怎么回事。

表妹的声音有点疲惫，跟我讲了事情的经过。

刚上班的表妹，找很多机会跟大家相处，希望跟大家尽快打成一片。同事去茶水间，就跟着一起去，希望能听听大家聊天，能插上话就更好。实际情况是，大部分时间只能跟在旁边，偶尔插一句话，别人随便瞄她一眼，又继续自己的话题了。

中午吃饭时，也跟着两个同事去吃饭，打好了饭，喜滋滋跟在她们后面，这时，她们看见了熟人，直接就走了过去，那个桌子只剩2个位置，也就是，表妹只能一个人吃饭了。这样的事情发生好几次。于是表妹觉得很委屈，感觉别人都在忽视她。

听完表妹的话，好似场景再现一般，我想起了自己刚毕业的时候。

第一次参加工作的我，自然是不敢怠慢，使出全身的力气，想要做好每一件工作，想要讨好每一个我接触的同事。

那时候，有两个同事（简称A和B）负责带我这个实习生。8点上班，我总是7点半就到了，帮她们倒好水，擦好桌子。吃饭时，等着跟她们一起吃，坐在桌子的最边上听她们聊天。她们工作有需要跑腿的，我也是随叫随到。下班了，也是等着她们一起去做班车。

两个月后，在我觉得我跟她们相处得还不错的时候，发生了一件事。

我们公司领导的5岁女儿过生日，给我们营销部拿来了一个蛋糕。当时在办公室加班的一共有9个人，我们小组有3个，A、B和我。领导的秘书在前面的桌子分蛋糕，大家一哄而上。

但是蛋糕只有8块，最后有一个人没有吃到，没错，那个人是我。

我没有过去凑热闹，是因为当时正帮A做一份报表，她说这个报表很急，要立刻做好。我听到她们一边吃蛋糕，一边嬉笑的声音。心情却像是抛物线一样，从刚开始的翘首企盼到心里隐隐不爽到最后的失望。

是的，她们把我忘了。别的小组同事也就算了，平时在一起的我们小组的A和B居然也忘了，而且当时情况是，我正帮A做一份她说很急的报表。一块蛋糕并没有什么，但那时对我来说，至少意味着一种认可。

蛋糕吃完后，她们走到我位置，A夸张又惊讶地说，哎呀，你怎么还在这，我还以为你走了呢。B顺势接上，一脸笑意望着我："哎呀，不好意思，蛋糕都吃完了，你怎么不说一声呢。"

我努力压抑心中的难过，故作轻松地说：没事，你们吃就好啦。

那天，我不知道我是怀着怎样的心情做完了表格，又是怎么把表格给了A。但是那天我头一次没有等她们，东西一收，就先回去了。

那次先走，却让我遇到我职场上第一个需要感激的人——隔壁部门的主管Y。

Y来自内蒙古，性格泼辣，直言直语，工作雷厉风行，做事严谨细致，骂起下属来毫不留情，谁都不敢得罪她。带我的两个同事，在背后说了她很多坏话，什么爱在领导面前表现，性格太坏，容易得罪人之类的。开始我听了以后，信以为真，平常几乎不敢惹她。

那天晚上她正巧也在办公室，目睹了整件事。回家的路上，我因为有点怕她不敢乱说话，加上心情不好也不想说话。她也一路沉默，我们就这样尴尬地步行了5分钟。

分叉路口，她突然叫住我，轻描淡写地跟我说了一句话。事实上，后来她跟我说过很多如今想起来仍然很有道理的话，可是那天晚上的那句话，就像漆黑幽暗的夜空瞬间划过一颗闪耀的流星，就像大海中迷失方向的夜航船，忽然发现一座灯塔。

她说："不要为了挤进别人的圈子，忘记自己工作的目的。"

这无疑给我了莫大的勇气，让我能重新鼓起士气，继续前进和战斗。

第二天，我一如既往热情地跟A和B打招呼，然而心里却下定了决心，要以不同的面貌面对我的工作。

不再特意去打水，擦桌子，做着这些她们自己也能做的事；不再特意凑到茶水间聊天，笑着那些我根本听不懂的笑话；不再硬是跟她们坐在一起，做永远被忘记的边角料；不再特意等她们一起下班，做那个唯唯诺诺的小跟班。

在后来的日子里，我尽量把关注点放在自己的本职工作上，工作数据分析需要做大量的Excel表格，那么，我就想办法把表格做到比一般人要好。在接下的几个月里，我学会了处理数据要用的很多函数知识。其中有Y的功劳，她是Excel高手。我也开始跟Y学着写职业化的工作邮件，尽量做到邮件标题明确直观，内容条理清晰。公司经常会有一些英文邮件往来，所以闲下来的时候，我就看一些英语学习资料。

　　A和B自然也看到了我的变化，也经常会在我耳边冷嘲热讽。我看书的时候，不冷不热地说："哟，看什么书啊"，"哦，英语，你还挺认真的啊。""哎呀，公司给你钱，是让你来学习的吗？"……我向Y求教回自己座位后，A满脸"诚恳"地跟我说，"你现在跟她走得很近嘛，当心点哦。她跟我们的经理关系不好。"B斜了A一眼，"你跟她说这些干吗？"我发邮件仔细核对数据的时候，她们会说："快点发出去吧，看这么仔细干吗，赶紧发出去。"

　　如果以前，听到这样的话，我必然是惶恐不已。我会隐隐地害怕因为看英语，或是跟Y关系好，就融不进她们的小圈子。之前的我会为了迎合她们的口味，回去看他们喜欢的电视剧，为的是跟她们有共同的话题；研究她们聊天中提到的品牌，以便有天她们聊到时，能插上话；远离她们不喜欢的人和事，希望得到她们的认可。

　　但是那天我并没有原先的心情了，当我专注自己的工作时，那些之前因为害怕一句话或一件事就惹别人生气的忐忑不安的心情突然不见了。

　　因为我知道自己在干什么，想要什么，什么是重要的，哪些又是可以忽略的。

　　后来，我跟Y越走越近，经常向她讨教做表格遇到的问题，工作中的一些处理方案也会请她帮忙参考。

　　有一天，Y向我们的副经理推荐我做呆滞物料分析报表，发给美国的总公司。我花了一个晚上的时间斟词酌句，完成了那封对我来说特别重要的邮件。第二天我的邮件就受到了副经理的夸奖，部门主管也过来当众表扬了我。

　　B到我位置上，对我说了一句："没想到你英文还挺好的嘛。"

　　让我感到诧异的是，当天中午，她们主动叫我一起去饭堂吃午饭。过了几天，还问我要不要跟他们一起K歌。

　　这段经历，让我突然明白，职场中你之所以会无底线地讨好别人，不是因为你懦弱，也不是因为你善良，而是因为你不"重要"。

因为你不重要，所以你更渴望存在感。

因为你不重要，所以你更希望获得认同。

因为你不重要，所以你更期望有归属感。

因为你不重要，所以你不敢拒绝，害怕她们再也不理你。

在你还不够重要，需要向圈内人学习知识之前，首先要明白自己要挤的是哪一个圈子。别一股脑儿扎入耗费自己精力，最后让自己没有任何成长的圈子。别让你的讨好变得没有任何用处。别被无形的力量把你拖入平庸无聊的漩涡。

如果真的要接触，去接触那些对自己工作技能有帮助的同事，至少是跟自己三观一致的同事。那时候，你会是真诚地与人交往。

但是记住，永远专注于自己的工作，不卑不亢，让自己逐渐变得重要才是真正要紧的事。因为只有你自己发光，才能驱赶黑暗。只有你自己发光，才能被人发现。

昨天晚上，我把Y当年跟我说的话，原封不动地送我表妹：

"不要为了挤进别人的圈子，忘记自己工作的目的。"

{ **你的职位
是不是不可替代** }

平安夜没有约会，正好路过前公司的大楼，心想着去看望一下以前的同事，就上去了。

即使是下班时分，办公室还是灯火通明，不仅我的几位旧同事在，连前领导都在。看到我来很惊喜的样子，纷纷过来招呼。

因为我曾与他们有过并肩战斗的三年情谊，这三年让我们不仅仅是同事的关系，而是更亲密的伙伴。我当时的感觉就像"回娘家"一样，尽管我已经离开有大半年的时间了。

让我没想到的是，一个在我离职之后才进公司的新同事也上来跟我打招呼，并且直呼我的名字。我问她怎么知道我的？她说在公司听好多人提到过你。我承认当时心里顿时"咯噔"一下，因为我自认为自己在前公司的人缘并不算特别好，事实上我有时候会是表现得很苛刻的那种人，当我还在职时，我就知道有很多人对我有意见。于是我没再问下去，只调侃了一句：原来我还挺知名的。她也只是笑笑。

之后我和旧同事一起去附近吃了个便饭，过不久再回到办公室，她已经离开了。我一边和旧同事随意地聊起之前的往事，一边打量着这间重新调整过的办公室。当我清楚每个人的座位之后，我对这个叫不出名字的女孩子产生了莫名好感，唯有她的办公桌是干干净净的，桌子上除了一帧小小的相框之外，没有任何一样是与工作无关的东西。文具安安静静地躺在文具格里，各类文件夹整齐有条理地竖在一侧的文件筐里，电脑显示器上没有花花绿绿的贴纸，只粘着一方小小的带着公司logo的便签，上面有清晰端正的字迹。更有心的是，她自己用A4纸做了一个小小的立牌，一边写着"觅食中"，一边写着"外勤中"。

出于好奇我开始和旧同事聊起了她来，就描述看来，之前在外企的她工作条理性很好，思路很清晰，也很有想法，处理这里的工作是绰绰有余的，然而她觉得在这家公司很不适应。我立马懂得了她的难处，因为我也曾经在这里陷入同样的困境，太多工作之外的因素牵扯你的积极性，以至于你走每一步之前都不免要考虑各方反应并且想好应对之策。我感叹了一句，她和当年我的处境一模一样。旧同事立马凑过来说：我觉得你能好好开导开导她，要不我把她叫过来聊聊。还没等我阻止，他就掏出手机给她发了微信。

正好她没走远，也在附近吃饭，一收到微信她便结束了饭局转来了。这次换我主动打招呼了。很快，我们就有了很多共识，一些工作上的方式方法，对一些事的看法。当我诚恳地与她分享我在这家公司所得到的经验教训时，她一直在点头，然后说，我就知道你是这样强的人。

我有点不好意思起来，转过头对旧同事开玩笑地说，原来我在这个公司留下的美誉度这么高啊。她很认真地回我：现在你这个岗位还没招到能够替代你的人。

原来那无数个加班的深夜独自回家的背影并非没有人看到。

原来那一次次据理力争的声音并非没有人听到。

原来那些在公司内部论坛上的分享心得并非没有人理会。

原来所有流过的泪水、汗水都汇聚成一束束关注的目光，仰望着你。

后来在回家的路上我一直想着一个问题：究竟我离开之后，在这家公司里留下了什么？其实我和很多人一样，也曾默默无闻在最底层干着最枯燥的工

［你需要懂点人情世故］

作，也曾为了梦想而迈出勇敢追求的步伐，也曾因为失望难过对同事领导抱怨不已。我并不是那些成功学书籍里的典范，我只是最平凡的小人物，我所想所做的只是在工作岗位上不负自己。

我想我留给这家公司的并不是多么辉煌的业绩与成就，而是一种态度，一种我想做以及我在尽最大努力做好的态度，而这种态度确确实实会最终影响到成果。

我最后给那个女孩的建议是，想清楚自己在这个公司的定位，想清楚自己为什么来这里，调整好心态，然后给自己设定一段时间，在这段时间认真完成自己觉得应该做的和想要做的事，保持正直，保持中立。

你可以有你自己的工作方式，但努力和认真是永远的前提，而想他人所未曾想，则是你脱颖而出的跳板。因为当你主动地去完善自己的工作时，对自己就是最好的提升。

其他的，随之而来。

最后，请允许我用这段歌词作结：有些人经过我身旁，住在我脑中，在我心里钻洞。有些人变成相片，堆在角落，灰尘像雪一般冰冻。

你要做哪一种？

想成功要懂得如何搞好人际关系

毫无疑问，朋友是每一个人都需要的。因为没有人有三头六臂，谁都难免需要别人的帮助，特别是在人生征途中感到自己势单力薄时。那么，你知道构建什么样的人际圈子最能带给自己帮助吗？你有没有充足的朋友圈？美国人际关系专家哈维麦凯提到："如果深夜两点，你急需要70万，你有多少个朋友会不问理由、二话不说、迅速到银行汇钱给你？"

问题虽然直白，但确实表明了人际关系的重要性。社会学家博恩·希斯有一套著名的理论——1∶25裂变定律：如果你认识一个人，那么通过他，你就有可能再认识25个人。这套理论曾被西方商业界广泛采用。他们在营销过程中，推行微笑服务，让服务人员不要得罪任何一名顾客，因为在每一位顾客的身后，还可能潜藏着25个客户。

美国前总统西奥多·罗斯福曾说："成功的第一要素是懂得如何搞好人际关系。"人际关系的重要性是不言而喻的，每个人都想马上拓展自己的人际圈。但是，有的人觉得和人拉关系不外乎吃吃喝喝，其实不然。现在的社会是多元化的，拓展自己人际的方法也是丰富多彩的。找对了方法，就会很容易建立起自己的优质人际圈。那么就来学习一下适合自己的拓展人脉的方法吧。

1. 提升自己的价值。

提升自己的价值，让自己是个有用之人，这是最核心的。并非所有的人际交往都以功利为目的，但能够长久保持密切往来，常是以情感为纽带并存在

［你需要懂点人情世故］

利益关联。

2. 主动出击，勇于说第一句话。

人际关系来自于个人的工作、学习以及生活圈。如果你是个有心人，时时刻刻都有拓展人际关系的机会。要敢于向陌生人说第一句话，把握结交朋友的先机。比如在上培训班的时候，你就可以以笔记没记全为理由，向周围的人借用笔记，很自然地就可以继续交谈其他话题而成为朋友了。

3. 乐于和别人分享。

懂得分享的人，最终往往可以获得更多。"赚钱机会非常多，一个人无法把所有的钱赚走。"这是潮汕人的生意经，他们遇到可做的生意，总是将他们介绍给自己的同乡一起做。

4. 从身边开始挖掘和积累。

拓展人际圈子说起来其实很简单，首先就是从对身边的挖掘和积累开始，先善待亲人，再处理好与老师、同学、朋友、老乡、同事的关系，最后突围到更大的圈子。

易凯资本首席执行官王冉这么认为："不一定是同班同学，也不一定睡上下铺，但只要是一个学校毕业的，就会有一种亲近感。现在同学之中很多人已经在各自的行业里逐渐进入角色，这个同学网络就成了非常宝贵的资源。"譬如马云创建阿里巴巴，启动资金就来自于他的亲戚、学生、"死党"。其中有几个人曾经跟他从杭州到北京，再从北京回杭州，几历失败，却不离不弃。

5. 参加团体活动是不错的交际途径。

比如培训，培训不但能学习知识、提高技能，而且还会接触到各种各样的人。现在的培训可以说已经派生出许多附加功能，其中最引人注目的就是成为另类的人际关系圈子。比如在一些层次较高的培训班中，各行各业的老板、高层管理者就有可能成了自己的同窗好友，这其中蕴藏着巨大的商机。

小赵是某公司的总经理，过几天他要去浙江大学参加EMBA培训。而参加这个培训的学员都是有三年以上管理经验，有着主管以上级别的商界精英。小赵曾直言不讳地说，参加这样的培训班一个最大的原因就是可认识许多有作为的人，能接受到更多的商界理念。另外，在学习的过程中还可以和这些人一起切磋，不但增长了自己的知识，还提高了自己的水平。

6.积极接纳朋友的朋友。

人的一生找到真正的朋友很难。扩展自己的朋友圈，可以积极主动地去接纳朋友的朋友，哪怕只是形式上的朋友。随着时间的推移，对彼此的关注在积累，朋友关系可能会有一个从量变到质变的转变。

{ 不是每一场争论
都要参与 }

傍晚，我在小区的花园里散步，一位热心的大妈跟我聊天，得知我还没有孩子，立刻拉着我的手说："闺女啊，跟大妈说实话，是不是身体有问题，大妈认识一位老中医，可厉害了，我媳妇就是吃了他的偏方才给我生下一个大胖孙子的，我回去找找那方子还在不在，你等着啊！"说着，她就要回家给我找方子去了。

我连忙表示自己身体很健康，只是还没有做好要孩子的准备。大妈嗔怪地拍拍我的手："傻闺女，女人这辈子最重要的就是结婚生孩子，而且一定得生个儿子，我们这个小区的人都不穷，男人有钱就容易在外面找，你要是不肯生，他找别人生了你怎么办？听大妈一句劝，给他生个大胖儿子，这样你老来也有依靠，不然以后谁给你养老送终啊！"

虽然我觉得这位大妈的观念很过时，但是看着她紧张的样子，觉得很好玩，故作为难地说："那万一我生的是女儿怎么办呢，他不是还得找外面的人去生吗？"大妈一听，立刻说："这有什么关系？咱们继续生，直到生出儿子为止，闺女啊，你可不能让别人有机可乘啊，大妈看你顺眼，所以才跟你说真心话。"

我笑着谢谢她，表示会把她的话放在心里的，大妈又叮嘱了我一番，才放我离开。回家时阿彦已经下班了，我笑着把大妈的对话跟他说了一遍。阿彦问我为什么不跟大妈辩论一番呢，告诉大妈现在的年轻人想法已经不同了。可我需要这么做吗？我跟她只是萍水相逢，无论她持什么样的观念，都不会对我的实际生活造成影响，最多小区偶遇之时，再听她"奉劝"我几句而已，于我并不是什么了不得的大事。

相反，如果我跟她辩论的话，大妈绝对不会认同我的观念，她会认为我不听老人言，吃亏在眼前，搜肠刮肚找各种例子来说服教育我，如果我不接受，她会觉得我不识好歹，最后两人不欢而散，莫名其妙地生一场气，然后各自坚持自己原先的生活观念。

前不久，我的闺蜜当当组织了一个定制团，邀请我一起参加。十几个人中，有的有孩子，有的没孩子，不知怎么的就聊到了孩子身上，有孩子的认为：孩子多么可爱啊，虽然带孩子的过程很辛苦，可孩子是生命的延续和希望，如果没有孩子，老来孤苦无依，多么凄凉啊！言外之意是：不知道你们这些女人怎么想的，竟然不要孩子，等老了你才知道后悔，但那时候后悔也来不及了，就等着羡慕吧！没孩子的认为：养个孩子多费钱，还要搭进去大把时间，干什么都被拖住了，养个孩子起码苍老五岁，何况养得好还成，万一弄出个败家子，那真是要命了，还谈什么天伦之乐，简直就是死不瞑目，还不知道谁羡慕谁呢？

本来要不要孩子完全是个人选择，喜欢孩子的就去养孩子，不喜欢孩子的就管自己玩，双方谁也不可能碍着谁。但双方都极力向对方证明自己的选择才是正确的，自己的生活才是最好的生活，谁也不肯相让。最后，离吵架也差不多了，如果不是当当及时调停，绝对会闹得不可开交，但之后的行程就分成了三派，有孩子的一派，没孩子的一派，我和当当自成一派，那两派摆明了与对方不是同一路人，路上，当当跟我感慨，下次绝对要和观念相同的人玩，否则就成灭火器了。

当时我也感慨不已，深觉不值，这么坚持，对方也没被同化，还生了一路的气，白白浪费了这大好时光，何苦呢？可我们大部分人在生活中不就是这么干的吗？宁愿杀敌一千，自损八百，也要争个高低短长。

经常有姑娘跟我抱怨婆婆简直就是从远古走来的老顽固，观念陈旧得要命，经常跟她争个面红耳赤，问我该怎么办？我一直在想，到底有什么办法可以解决这种矛盾。但分析来分析去，发现最好的办法就是不跟她争辩，她说你就听着，然后继续按照自己的想法生活，时间长了，她知道你不听她的，但是不跟她争辩，她也找不到错处，渐渐地也知道拿你没办法。当然，我也知道要忍受一个人长期试图把她的观念强加给自己是件多么痛苦的事，但这正好让我们知道"己所不欲，勿施于人"。

争辩中没有真正的赢家，即使其中一人口才了得，思辨过人，滔滔不绝，遥遥领先，也只是言语上占了上风，对方该怎样还怎样，甚至更加坚持原来的观点。一个人持什么样的观念跟她周围的环境和自身的经历有着莫大的关系，绝不可能因为别人几句话就改变自己坚持了几十年的观念，那既不现实也不可能。

一个人认同某种观念，也必然受过这种观念的好处。当她感觉到这种观念给自己的生活带来的都是不便，自然而然就会寻找更合适的观念。就像小区的那位大妈，她生活的年代与我不同，也许在她那个时代周围的人都是这么想这么做的，所以她认为秉持这种观念对自己最有利。观念不同，没有对错，甚至不能说谁比谁的更好，只是各人的际遇不同而已。

这几年来，我遇到了很多女性朋友和我探讨婚姻情感问题，但我一直秉持一个原则：无论对方的生活是什么样子，只要她没向我抱怨求助，我都不会随意去评价她的生活，无论她的婚姻有多糟糕，男人有多垃圾，她不肯离开自然有不肯离开的理由，我并非当事人，很多细节并不清楚，既无资格也没必要。除非她需要我的意见，我才会发表我的观点，即便如此，我也时时提醒自己要客观，尽量避开自己的个人好恶。

在讨论过程中，如果对方不接受我的观点，我会及时打住，因为心里很清楚，认同我的人，寥寥数语，早就认我为知己，不认同的人，即使我再滔滔雄辩也无用。争来争去，伤了和气，也达不到目的，只是两败俱伤而已。

以前认识一位女领导，特别喜欢聊工作以外的事，但凡别人有不同意见，必定要说到对方认同为止，很多人迫于她的领导地位，当面几乎没人敢跟她争，但心里大多不服气，这种不服更带到了工作上，大家都相互传递着一种做法：阳奉阴违。前年，这位女领导退休了，她突然发现，竟然没有一个人愿意跟她说话。

观念不同，不必强争，尊重别人的过程正是自身强大的过程，只有内心虚弱的人，才需要别人事事认同自己，而那些内心成熟强大的人，从来不会强求别人认同他。越强大的人，越能包容各种观念，而他的强大正是因为吸取了各种观念的精华，最后浓缩成了自己独有的观念。

能够长久和谐相处下去的人，很可能是观念接近的人，那些观念不同的人，也能成为人生的点缀，不然这个世界怎么会这么丰富多彩呢？

{ 你的实力、人品和真诚 才是取胜关键 }

[1]

几年前，刚毕业进入职场，我跟几个同龄姑娘一起进入公司。公司在整个行业属于明星企业，很多高校的学生碰破了头想进去，能获得实习名额已经是实属难得。

因为初入职场，不同于校园时光，所以很多状况不知如何应对。

但是我一直秉持了父母的教导，"少说话，多做事"。

上司交代的任务我总是默默地完成，尽管出现很多不尽如人意的地方，好歹也算勤勤恳恳，懂得面壁思过，有几分《欢乐颂》关雎尔的感觉。

因为够努力，所以一个月的时间已经上手了，第二个月职业能力已经进步了一大截。

我们实习生当中有这样一个姑娘叫小婉，当我们在埋头苦干被上司骂得"狗血淋头"的时候，她却每天甜言蜜语恭维上司几句，轻易获得上司的褒奖。

比方，我们早上明明看到上司的面色不好，躲得远远的，她却能笑脸相迎说："今天的口红的颜色不错。"

暗地里，其他的姑娘总是感叹。

她能从上司的穿着，迅速判断其喜好。

第一个月发薪水，我们都在思考房租水电费的时候，她却给上司和大老板各买了一瓶香奈儿的香水。

很多时候，她认为我们不懂人情世故，不懂得迎合上司。

[2]

每次聚会的时候，我们总是找一个离上司远的地方坐下。她却见哪个地方离上司近，就朝哪个地方坐。

面对上司敬酒的时候，我们当时还傻傻说不会喝的时候，她却能说出各种祝酒词信。

上司说哪家餐厅口味不错，她立马回答说可真有品位。

上司刚买了一个包包，她就说量身打造，真有气质。

上司如果表扬了哪个同事，她立马跟谁成为"好朋友"，关系密切，上司如果批评了哪个同事，她立马嫌弃人家，跟瘟神一样躲得远远的，生怕连累了自己。

实习三个月的时间过去了，我诚惶诚恐怀有一种被淘汰的心理，准备找下个东家的时候，却被录用！

原来结果出人意料，我的上司告诉我："你的表现不错，欢迎加入团队。"

我惊讶地问了一句，"难道不应该是小婉吗？"

她说，其实每个人心里都有一杆秤，谁是踏踏实实工作，谁是阿谀奉承，心里跟明镜一样。

职场如果留下的不是实实在在创造价值的人，那么这样的一个地方也不值得留恋，因为它迟早会垮掉！

虽然，这几个月来我们明面上没有表现讨厌小婉的行为，但是并不代表我们就接纳她，尊重她，甚至于我们讨厌这种不用心思在工作上，而把精力务

你需要懂点人情世故

力用在讨好领导上的行为。

我知道她想获得领导赏识、好感和认可，但是她的方式不对。

"最终获得赏识和认可的，不是靠你努力地迎合，而是凭借你的实力和人品！"一句简单的话却振聋发聩。

[3]

姑姑当初刚结婚的时候，一穷二白，连买盐的钱都没有。四处向人借钱，亲戚们连一顿饭钱都不肯请。

后来找银行贷款，下海经商，生意是蒸蒸日上，这几年家里每天都跟过节一样，门庭若市。

姑父本来个头矮，以前被人嘲笑成矮冬瓜，如今被人说浓缩就是精华。

比起锦上添花，我更喜欢雪中送炭。比起努力地迎合讨好，我更喜欢本本分分拿我当亲戚，当我是朋友的人。

很多时候别人问我，人际交往当中最重要的是什么？

我说在理解别人的基础上要真诚。最终获得对方赏识和认可，不是靠你努力地迎合，而是凭借你的实力人品和真诚！

如何成为一个受欢迎的人

对于每个职场人来讲，搞好人际关系都是至关重要的。所谓的人际关系其实就是我们通常所讲的人脉。纵观成功人士，莫不擅长挖掘和打造自己的人际关系网，美国著名心理学家卡耐基曾说：一个人事业上的成功，只有15%是由于他的专业技术，另外的85%要依赖人际关系。专业的技术是硬本领，善于处理人际关系的交际本领则是软本领。那我们该如何有效搞好人际关系呢？

[第一印象至关重要]

人际关系是从生活中的一点一滴积累而成的，是在为人处世里他人对你的客观印象而产生的主观情感，所以你给他人的第一印象至关重要。如果打一开始，你给他人就留下不好的印象，那他人绝不会再有继续了解你的欲望。一般情况下，我们对于性格开朗、大大咧咧的人容易抱有好感，而对于冷若冰霜的人排斥，因此待人热情是打好人际关系的基础。当然由于各人天生的性格、生活背景的不同，在这个过程中可能会产生不同的效应，比如，有的人性格内向，不苟言笑，但其实外冷内热，不善表达。俗话说爱笑的人，运气总不会差，对于这种性格，多微笑是提升亲和力的最佳方法。发自内心的微笑可以让他人感觉亲近，可以让他人感到你的真诚和友善。所以在日常人际关系的交往中，绝不要吝惜自己的微笑。

［记住他人的名字，可以更快获得好感］

美国总统罗斯福在参选总统的时候，需要得到一批有身份和地位的人的帮助，可是他并不认识这些人，那如何才能让这些人更快成为他强有力的后盾呢？于是罗斯福总统找到一个熟悉的记者，了解了这批人的名字和一些情况，然后举办了一场盛大的宴会，在宴会中他主动叫出这些人的名字，并与他们交谈了些感兴趣的话题。罗斯福总统的这一举动让这批本就有敬仰之心的人受宠若惊，很快把罗斯福总统当成自己亲近的朋友，并在接下来的竞选中成为其有力的支持者。在日常生活中，我们总是对一些能记住自己名字的人产生亲昵的情感，因为人都渴望自己得到他人的肯定和认同，对于一个能把自己的名字记在心上的人，在我们心底会认定自己在他心中很重要，从而无形的好感油然而生。学会记住跟自己交往过的人的基本信息，在再次相见的时候从容地喊出他们的名字，在重逢不至于冷场的同时，也是一种给他人面子、赞美他人的最好方法。

［学会确认倾听，避免正面冲突］

在职场生涯中，我们作为独立的个体，拥有自己的想法无可厚非，但是在与他人交往的过程中，我们应当学会倾听他人的意见。每个人的成长经历、学习环境会影响其对事件的看法，在共事时，难免会意见不合，很多时候一言不合，便撕破脸皮，争吵不休，把难得的情谊踩得支离破碎。然而，作为同事抬头不见低头见，没有必要为了所谓的一时的争强斗胜而导致人际关系的破裂。大家都是为了工作，何不心平气和地讨论，避免情绪化的职场冲突？很多时候，倾听他人的谈话，不仅可以在他人的谈话中发掘对自己有利的信息，为己所用，还能从侧面赢得他人对你的好感。而确认是证明倾听的方式。比如：人们总是喜欢讲述关于自己的事情，而自动过滤他人的事情，当别人跟你讲述他自身的事情时，你要跟他重复一下他讲述的过程，哪怕是你不感兴趣的话题，这是最起码的尊重。在现实生活中，哪怕你简单地点点头，表达你的赞许，或者巧妙地重复对方的话，都可以让对方感觉你真的关注他、重视他。

[学会宽容，站在别人的立场考虑问题]

人与人的交往，贵在真诚，如果你一味夸张，就算短期赢得他人的好感，日子一长，你依旧会失去别人对你的信任。日常工作中我们往往需要与别人合作，才能取得成绩，因此这就要求我们要共同分享，共同实现工作目标。要搞好同事关系，就要学会从其他的角度来考虑问题，善于做出适当的自我牺牲，给他人提供必要的机会，切忌以自我为中心。而站在他人的立场，还表现在要想交朋友，你必须为他人着想。当他人遭到困难、挫折时，伸出援助之手，给予帮助。你给他人雪中送炭的情谊，当你自己遇到困难的时候也会得到回报。另外当他人损害到你的利益时，学会宽恕对方，往往宽容的力量可以唤回真诚，这种力量往往可以改变一个人。当然如果他依旧执迷不悟，那么只能说明，这样的人不值得你与之交往。

[注重细节，培养自己独特的幽默感]

人与人接触久了，会不自觉地观察他人的品性和性格，以决定是否与其进行更长久的合作。某心理学家曾介绍了一些让人拉近距离的方法，比如和他人初次见面打招呼时适当地低头，可以让他人感觉到你对他的尊重。另外人们大多喜欢比较独特的或者是有幽默感的人，职场中我们一本正经太久，偶尔放纵自己的情感，反而更容易寻求共鸣。因此，不妨多培养一些兴趣爱好，拓宽自己的视野，便于在与他人交往时增加更多的谈资，而生动有趣的交谈更是人际关系的调味剂，只有自己变得优秀才能吸引更多优秀的人。

[适时给他人带"高帽子"，是无往不利的武器]

美国著名作家马克·吐温曾经夸张地说："一句美好的赞扬，能使我不吃不喝活上两月。"其实每个人都渴望别人的欣赏。每个人都有他的优势和特长，而这些长处正是个人价值的具体体现。每个人都希望别人能看到和肯定自己的这些长处，从而肯定自己的价值。因此，哪怕是一句简单的赞美之词，也会使人感到信任和友好。而在必要的时候给他人带上"高帽"，更有事半功倍的效果，但是，带"高帽"并不是指阿谀奉承，而是恰到好处点明他人的优点，根据"帽子"合理与否，调整自己的赞美词，如果戴得合适，那么对大家都有利，但若戴得不合适，恐怕就会适得其反。比如，你想夸赞一个最近急于减肥的姑娘，说法一：你减肥很成功啊。说法二：你瘦了好多啊。你觉得她更愿意接受哪种赞美呢？人往往乐于跟别人倾诉自己的劣势，以展现自己的大度理性，却无法接受别人"指手画脚"道出自己的缺陷，甚至觉得这是对自己的挑衅。

[不要忽视任何一个人所带来的人脉关系]

斯坦福大学的创建由来众所周知，因为哈佛大学校长的傲慢无礼，让哈佛大学失去了一次发展的机会，却由此诞生了另一个传奇学院。很多成功人士在私下里拘谨而低调。在与他人的相处过程中，绝不能以貌取人，你要知道，很可能今天在你面前微不足道的人明日就会翻身逆袭成为了不起的人物。人的圈子本就是由A知B，再到C、D的过程，每个人都有自己的人际圈子，不要觉得自己一时得势就看不起比自己地位低的人。齐国公子孟尝君门客三千，在亡国逃难时，救他的便是那"鸡鸣狗盗"之辈。因此，在为人处世中，给自己留条后路，把每一个人打造成自己的关系网，总有一天会有意想不到的收获。

　　搞好人际关系是一门艺术，更是一种技术，需要不断的学习和体会。在卡耐基的《人际关系学》一书中，他详细地推荐了一些训练方法，大家可以根据自己的具体情况，进行一个自我分析工的学习，从而冲破自我的篱笆，成为更受欢迎的人，建立起更和谐广泛的人际网，为成功打下坚实的基础。

{ 有时候决定你成功的 }
只是一个小细节

你不经意的一个行为，也许你以为别人看不到，其实有人已经默默给你贴上了标签。或许这个标签很快随风而去；或许，这个标签，代表了他眼中你的全部。

[1]

朋友小M给我讲过他的一个经历：三年前他刚工作，家里急需用钱。他找当时的部门领导，领导只是简单问了几句，直接从个人账户转给小M十万元。一年之后，小M把之前借的钱还了。

还钱的时候，领导问他："知道为什么愿意把钱借给你吗？"

要知道那时候的小M，刚入职三个月，是基层职员。领导说："我有个女儿，她贴在卧室墙上的照片里有你。"

原来领导的女儿在大学期间，去特殊教育幼儿园做过几次义工。当时读书的小M是那个义工小分队的领队。小M每周组织活动，其他队员可以根据自己的时间不定期参加活动，小M每周都去。领导的女儿去过五次，五张义工合影的照片上，都有小M。

领导说小M刚入职一周之后他就发现了，也跟在国外读书的女儿确认过，当时的领队就是小M。领导认为这个年轻人做了两年义工，更没有向任何人

"炫耀",踏实又善良,人品和前途都不会差。

[2]

听小M说完,我想起一件事。大学期间我在西安博物院做义务讲解员的时候,接待了几个从北京来的游客。

当时我只负责讲解两个展厅,带一批游客一般需要三十到四十分钟。那天带他们出来,两个小时都过去了。他们的问题很多,在每一件展品前面都要停留。

展厅出来之后,引导他们在休息区休息,我也坐下来聊了几句。他们一直夸我讲得细致又有耐心,虽然是义务讲解,比专业讲解员还尽职。

知道我学建筑设计之后,其中一位先生给了我一张名片:"毕业之后如果来北京,到公司找我。"他是某建筑设计公司的设计总监。

那时我大三,还没有想过毕业之后的事情。后来搬宿舍,那张名片也丢了,当然我也没有去北京。当时确实是在无意之间,为自己争取了一个机会。

[3]

同学面试一家地产公司,和人办资源主管相谈甚欢。虽然说着让朋友回去等通知,已经明确暗示他被录用了。

临走时,人办资源主管说:"有时候跟一个人喝一杯茶,就知道是不是想要找的人。你所做的每一件事,每一个动作,每一个眼神,都是你的名片。"

这位HR说得一点都不夸张,一个人是谁,并不是他的简历和名片上写了什么,而是他的所作所为。一些或大或小的事,也许不能代表一个人的品行和修养，但是在旁观者眼中，你所做的每一件事，都有可能代表你这个人。

还记得之前广为流传的《寒门再难出贵子》，一个实习的男孩因为把两盒会议用烟装进了自己的口袋被领导看见，领导否定了这个人。

一个很注重细节的教授级高工在学校面试研究生时，有一个学生穿着太邋遢，直接对他说："既然你不重视这次面试，我们也不需要重视。不用面试了，你出去吧。"

在这两件事中仅因为细节就否定一个人，也许有不恰当之处。但是做得更不恰当的，是那两个男孩。这样与机会失之交臂，是领导太苛刻，也是他们用行为，亲手在自己的名片上画了一个大大的"否"。

[4]

不管是在职场，还是在生活中，每个人都会用自己的观察来判断一个人。

不知道别人怎么想，反正我觉得：

一个穿着整洁，认真热情的快递员，做什么工作都不会太差；

一个能把最简单的工作耐心做好的实习生，交给他的事情我就可以多一些安心；

一个对待陌生人都客气礼貌的女孩，性格一定不会差到哪儿。

同样道理，我不相信：

在地铁上因为一句话就大吵大闹的两个女孩，有随时控制自己情绪的能力；

一个满脸愁云的人，内心对生活有满满的热情和期待；

一个在小事上谎话连篇的人，跟客户谈合作时能以诚相待。

总之，你所做的每一件事，好的坏的，都是你的名片。

不要低估周围人的判断力，认真地对待生活和自己正在做的事。也许你以为没人看到的时候，有人已经给你贴上了标签。或许这些标签很快随风而去，或许，这些标签会一直跟着你，决定你的去留。

有人说所谓修养就是细节，你的每一个动作，每一个笑容，都代表你的修养。

有人说打败爱情的是细节，你的每一次猜疑，每一次歇斯底里，都是在亲手埋葬自己的感情。

细节可以成就一个人，也可以否定一个人。不要惊讶一个人对你的肯定和信任，都是你自己用认真和努力争取来的。更不要埋怨别人用一件事否定你，只怪你给了别人否定你的机会。

传统文化中，君子讲究"慎独慎行"。做最好的自己，即使没有人看到的时候。你对生活认真，生活一定比任何人都清楚，也一定会馈赠你想要的一切。

所以，出门带上笑脸，说不定谁会爱上你的笑容。就算下楼倒垃圾，也不要让自己邋里邋遢。

{ 　不妨做个促进团队　}
　　提升的狠角色

　　小黄是一名管理培训生。第一个星期，小黄被分配到前台，同时分配到前台的还有另外一个管理培训生小李，她们都兢兢业业地工作。

　　一周之后，每个管理培训生都要提交一份报告。小李提交的报告是这样的：前台的工作让我更了解公司，增加了我的自豪感和荣誉感；通过这一星期的工作，我学到了待人接物的很多礼仪。

　　而小黄的工作报告是这样写的：通过这一星期的工作，我发现目前的前台还有许多的不足：第一，作为一家在中国开办的外资公司，我们采用的先用英文问候再说中文的方式是不妥的，因为打投诉电话的顾客或者下游供应商不一定都懂英文，所以一开始说英文会让大家有一种距离感，建议先说一遍中文，再说一遍英文。第二，两个人同时做前台也是一种资源浪费，两个人都坐在前台互相不理会显得很不礼貌，说话又给人造成聊天的印象，而且两个人一起工作容易造成责任不明、相互推诿的状况。建议前台保留一个人，另一人机动轮岗……

　　小李的报告赢得了大家的掌声，而小黄汇报完，引发了大家的集体沉默。客户部主管觉得自己的工作权威受到了挑战，给小黄打了一个比较低的测评分。

　　就这样在第一个星期的轮岗结束之后，小黄被分配到了仓库。一个星期后，她再次提交了一份引发集体沉默的报告：

第一，仓库管理员常嗑瓜子，然后用带着盐分的手去整理货品。这容易在外包装上留下污渍。

第二，库管员为了省事总是就近码货，有人来领货的时候又就近拿走，而生产日期较久的货品被长期压在仓底。建议仓库分成进库和出库两个门，入库的时候根据就近法则把新产品码堆，出库由相反方向。这样出库的都是相对较早入库的产品，保证了产品能够在保质期内被卖出去。

这份报告被提交之后，仓库的主管受到了批评。而小黄在仓库也待不下去了。

第三个星期，几乎没有部门欢迎小黄，她被硬性分配到了培训部。小黄大学主修时装设计，擅长时装画。到了培训部后，她嫌教材上的人脸图不够漂亮，便利用业余时间把所有的教材重新画了一遍，并把她觉得不够好的讲义也都按她的逻辑修改了一遍。这下麻烦大了，培训部督导是个自负惯了的狠角色，他拿到新教材，直接从台湾飞过来就这个事情向公司提出了投诉。小黄被告擅作主张，自行其是，不尊重团队和领导。督导直接放话："这种人留在公司必伤团队，她不走我走！"

小黄二话不说，拿出了她改过的和之前的版本，一起摊在桌上，问了管理层两个问题：第一，哪一版本更漂亮？第二，哪一个版本更容易学？然后，小黄还加上一句："我的工资只有你的十分之一，你该做的不是来质问我为什么改你的教材，而是检讨自己为什么不可以做得更好？"最后这句话，气得督导当场提出辞职。

那么小黄在公司的结局如何？这个狠角色竟然得到了公司的重用，过了三个月试用期之后用了两个半月直升经理，两年薪水翻了十倍，升至公司在中方的最高主管。

有人可能会说，那是她运气好，换个单位，她可能早已出局。但实情是她屡换单位，屡被重用。她无疑是个狠角色，带动了整体的绩效与活力。所以，这样的狠角色未必不是好角色。

　　面对争议，她却说："我是来做事的，不是来交朋友的。我更关注有没有把事做好。"

　　今日职场，大家都提倡先做人再做事。职场中友情固然重要，但绝不能以此为借口。所以，你不妨做个促进团队提升的狠角色！

{ 懂得用智慧的"谎言" 去处理问题 }

一辈子没有说过谎的人是不存在的，而且，并不是所有的谎言都充满恶意和欺骗。有时候，一个智慧的"谎言"，可以化干戈为玉帛，使游走于职场的你如鱼得水。

[不说让别人泄气的话]

张丽是一家公司的新人。试用期间，她的工作力不从心，主管很不看好她。一次，她做报表出了差错，主管将她狠狠地训了一顿。张丽很沮丧，她萌生了收拾东西回家的念头。

对面办公的杨扬上前安慰张丽。张丽眼含委屈的泪水对杨扬说："杨扬姐，你说，我是不是很笨？我什么都做不好，我看我还是走了算了。"

杨扬也不看好张丽的工作能力。但是，如果将自己的感觉实实在在说出来又怕伤了张丽的自尊心。杨扬沉吟片刻说："阿丽，我们每个人刚来时都这样，做时间长了就得心应手了。好好做，一定能行的。"

杨扬的话给张丽很大鼓励。从此，张丽潜心学习业务知识。三个月试用期下来，她的业绩令主管对她刮目相看。在这家公司做了两年后，主管因故离职，张丽成了新一任主管。

点评：

俗话说，守着矬人不说短话。当你遇到不得不说"短"的时候，你用善意的"谎言"就能巧妙地保全对方的面子。杨扬成就了一位职场新人。

[一举三得两头瞒]

张磊是一家电脑公司的业务员。同事李辉工作出了差错，受到了老板的训斥。下班后，心情郁闷的李辉拉着张磊去泡吧。几杯酒下肚，借着酒精的力量，李辉对张磊抱怨老板处处为难他，将他当廉价劳动力使用，还说老板浅薄无知、生活不检点。

之后的一天，老板找张磊聊天，老板对李辉的表现发了一通抱怨。突然，老板问张磊："我看你平时跟他走得近，他有没有对你说过我什么？"

张磊知道，老板的问话是醉翁之意不在酒。他思量之后说："李辉还真的跟我谈论过老板，不过，他从没说过你坏话。他说他自知学历低、业务能力差，如果换成别的老板，怕早就炒他的鱿鱼了。所以，他心里一直很感激你。其实，说心里话，李辉除了业绩差点儿外，还是有很多优点的，比如诚实肯干、吃苦耐劳。"

张磊的话，让老板消除了对李辉的怨气。不久，老板就给李辉调换了一个更适合他的岗位。后来，老板将张磊当成了自己的心腹，李辉知道了张磊在老板面前为自己说了不少好话，也跟张磊成了莫逆之交。

点评：

俗话说，会做人的两头瞒，不会做人的两头传。这一瞒一传，结果大不相同。张磊善意的两头瞒的结果是一举三得：既化解了李辉与老板之间的恩怨，也让老板和李辉成了自己的朋友，同时巩固了自己在公司的地位。

[客观分析，实话别实说]

因对薪酬待遇不满意，刘坤萌生了跳槽的想法。他去一家公司应聘，与他同时应聘总经理助理职位的还有一位名牌大学毕业的女大学生杨慧。

杨慧先进行面试，主考官说："看你的简历，我们对你的条件很满意。你在学校当过学生会主席，有着较强的组织能力。我们这个职位需要应聘者具有相关职场经验，不知道你有没有？"杨慧没有具体接触过此类工作，于是她就实话实说地回答："我从没做过此类工作，没有相关职场经验。"听了她的回答，主考官脸上闪过一丝意外。最终，杨慧与这个职位失之交臂。

刘坤同样没有做过总经理助理，但是，面试的结果却与杨慧大相径庭。他是这样回答的："我之前做过两年办公室主任，我想，总经理助理与办公室主任在工作性质上有着相通的地方。只要我能得到这个职位，凭我的工作经验，一定能做好。"两天后，他收到了录用通知。

点评：

女性往往对自己能够快速掌握新知识的能力不敢做肯定的回答，男性就会非常肯定地说自己"能做得很好"。其实，"能做得很好"比实际经验更引人注意。它的潜台词是：我可以做任何事，即使现在不能，但我可以做到。面试时，面对一个超出自己能力的问题，老老实实地回答反会使自己坐失良机。

"谎言"蕴含着大智慧，只要你运用得当，它的作用是不可低估的。用智慧的"谎言"去处理职场上遇到的一些问题，往往会收到事半功倍的效果。

{ ## 别人和自己人，
你想做哪个 }

［1］

慕姑娘是一个我的学生，虽然不算美如天仙，但总是把自己打扮得很精致。再加上她不错的文采，按道理应该非常受男生欢迎才对。

可她一直单身。

有一次慕姑娘在聚会上认识了一个男人，两人相谈甚欢。慕姑娘不时露出少女的动情表情，男人也不回避她的眼神，还主动帮她看手相。

聚会快结束时，这个男人一直没有要慕姑娘电话。慕姑娘急了，主动向他索要电话。

"还是我留你电话吧，回去我加你微信好友！"他这么回答。

慕姑娘很兴奋，晚上一直抱着手机，坐立不安，每隔几分钟就要看下手机，看看他有没有发来消息，有没有添加她为好友。

结果，正如大家预料，他当晚没有发来任何消息，接下来的几个月也没有联系过慕姑娘，慕姑娘的肺都快气炸了。

跟刚认识的异性互动，最困难的部分或许是要联系方式。如果别人不想给，或是解释自己没有带手机，反过来要你的号码，那么这段关系就完了。

心理学中有一种"自动导航反应"：即使他喜欢你，还是可能在你初次开口时拒绝透露号码。或者你非常想找老板加薪，等到了办公室门口时，突然张不开口。因为我们的心理有很大的惯性，潜意识在你意识不到的情况下，用你以往的思维方式帮你做出让你后悔莫及的决定。

所以，那个人也许是真的喜欢慕姑娘，却因为惯性拒绝了慕姑娘索要联系方式，一旦拒绝，自然就没有然后了。

那该怎么办？

根本不要问电话号码。

慕姑娘如果用一下"播种"技巧，便可以解决这个麻烦。她需要在聊天中提到一个非常有趣的活动（音乐会、电影、派对等），它有多棒多酷，然后转到其他话题。聚会结束时，邀请这个男人参加。

此时如果他主动留下电话，就记好。如果他还是没留，也没关系，他会用其他方式找到你。

想要与优质的异性建立关系，就必须把自己和那些"无脑"的追求者区分开来。

[2]

我刚开始在学校讲授人际心理学时，发现只要看某个学生一眼，就知道他能不能成为受人欢迎的人。这跟他穿什么，帅不帅，说什么无关，问题在他散发出的某种"能量"。

我有个朋友学习人际交往好多年了，他体贴、善良、懂很多种语言技巧，几乎每晚都出门认识不同的人。但他仍是一个人，仍然在单位里被人孤立，被领导漠视。

他飞来昆明，请求我一对一心理辅导，他第一句话就问我：

"我是那么努力地表现自己，他们为什么还是不拿我当回事！"

"如果你真是那样，你还需要表现自己吗？"我回答他。

我教了他一个"补偿称赞技巧"。

比如A小姐身材非常好，家境殷实。别人都在称赞A小姐漂亮的时候，我们这么称赞她："你真是个平易近人的好姑娘。"

要给对方强烈的印象，就非得让对方觉得："这个人和其他人的着眼点很不同。"

往往家境好又漂亮的女生，总是给人高冷的感觉。已经拒绝很多人邀约的女神，也会在心中隐约批评自己高傲，你要做的就是消除她的这种想法。

人际交往失败的人，出门让别人认可自己一点。人际交往成功的人，出门让自己认可别人一点。

[3]

面试的时候，有一道经典的面试题：

"说说你如何能够胜任我们这个岗位？"

很多人立马回答自己的优势，恨不得把自己小学得过三好学生的奖励都翻出来，这样的人虽然看起来很强大，但实际上录取的概率很低。成熟的人力资源主管会第一时间认定其缺乏自信并期待回应，在今后的工作中会黏人而且缺乏安全感。

怎么回答呢？答案要先从企业谈起，然后把企业的需求联系自身优势。

回答不要多，越是努力表现自己，往往越让人反感。答得太多也往往难让人印象深刻，真正有自信的人只需要突出重点。

往往特别表现自己的成熟的人才是真正的天真，往往标榜自己愚钝的人才是真正的成熟。

{ 你的能力才能够
支撑你的整个人生 }

一个人只有努力成为更好的人，才有资格任性，才有理由放肆，才有资本去选择追求自己想要的一切。

众人皆知，我和我老大素来"不和"。这种不和更多不是关系上的，而是思想上的。当初刚进公司的时候我就发现，我与他对运营的理解就有偏差，理念也不一致。

我思想更激进，更前卫；他则有些保守，不太敢突破。

因为我接触新媒体比较早，喜欢玩病毒营销，想靠用户主动分享去传播，然后再从大量用户中培养相关受众；他则更倾向于一开始就从目标受众做起，一点一点慢慢积累，一点一点稳步扩大。

当然我能理解他，因为传统的教育行业转型很慢，并没有用互联网的思维去思考问题，他稳扎稳打一步步走来，做得也很不错；很多时候他可以用经历来压人，我却无话可说。

而在他眼里，我可能也是冒失的，癫狂的，这我也清楚。

于是，我俩在会议室里吵架是常有的事。因为意见相左，或者态度不对，爆粗口也时常发生。

比如我说："产品就这屎样子，不投那么多钱，要那么多量，还想怎么推？"

他回："一点一点推。"

我驳："大哥，咱们是有KPI的。"

他反击："靠，产品就是屎，好的运营也能卖出去！"

我讥讽："行，您说得对。可就算是屎，咱怎么也得包装一下吧，玩个概念，换个口味吧？"

他坚持："再怎么换，产品的本质也不能变！营销的口味不能太浓！"

我无奈："我就不信了，还真有爱吃屎的人！"

……

我很少用感叹号，但我们对话的语气，除了这个标点我想不出其他的。每次我们基本总是在同一个观点上争执，来来回回就那几句话。

争执时常是好事，说明彼此重视。可时间久了，的确心烦意乱，没有心情做事。时间久了，我自然表现得有些消极。

不久，就被老大发现，于是又被拉出来单练。

"最近怎么不跟我吵了？"他瞄了我一眼，试探性地随口一说。

"吵有什么用？吵了也不被重视。"我顺着话茬，想要借气发气。

"没用就不吵了吗，你的价值呢？"他反问。

"如果是你呢？你的意见不被采纳，你怎么做？"他反问，我也反问。

"我会继续坚持。因为我必须在团队里体现价值。"他这么说，其实我早有预见，促进员工积极向上嘛，谁不会？我心里暗自不服。

"别以为我看不出来你的反感。我又不是没在你这职位上待过。"还没等我的逆反心理酝酿彻底，他则当头一棒，"我跟你一样，上头也有人盯着，我的绩效跟你差不多。我的策略其实常常也是上头的策略，我有时也想尝试一下你的想法，但常常上头决策说不冒这个风险，那我有什么办法？"

他看了看我，突然语气又平和下来："你以为咱这个钱是这么轻松挣的吗？我们都不是决策者，所以实话告诉你，你挣的这些钱里，公司买的不单单是你的能力，还有你的忍气吞声。"

我憋了一肚子的火想要发泄，心想你要再跟我吵，我直接不干了。没想到老大直截了当的两句话，让我立马熄火，无力反驳。

"嗯，嗯。"我频频点头。我知道有些话是在安抚民心，不能全信；但他的这些，的确是亲身感悟，戳人肺腑。

原来我们都是一枚棋子，不是那下棋的人，更不是观棋的人。

许多道理我们可能平时也懂，但这种"懂"只停留在认知的层面，尚未通透。

这两天我不断思考这句话，越想越觉得他这句话说得太对。我以往自信满满，觉得公司选我，无非是看重个人能力，想要通过我的能力为他们获利。所以我才敢吵架，敢任性：是啊，我能力强你能把我怎么样呢？

可单凭我一人，真的有力挽狂澜的本领吗？

没有，除非你是决策者。

那么企业找你来做什么？

做事，而且按照企业想要的方式去做事。

Bingo！企业是靠流水作业生存的，越大的企业越是，每个人更像是一枚小小螺丝钉，所以在他们看来，只要你保证运转正常，不怠工，不生锈，也就够了。

而能力嘛，呵呵，匹配即可。溢出来的部分，更多是为你自身增姿添色，体现你的个人价值，对于公司的整体运转，波动不大。

我曾待过的某家公司，整个营销团队内乱，三十多人的团队基本上只剩三五人做事。

当初商量好一齐跳槽的人，都以为集体的负能量至少可以撼动集团。可到头来呢，不出一个礼拜，公司又引进一个新的团队来，虽然整个月的业绩受到了影响，但整个季度的利润却丝毫没变。

后来才知道，早在这次"内乱"之前，人力就已经准备"换血"了。

当然我不是说能力不行，只是你个人的能力，的确有太多的局限性。最常见的情况，是我们太容易高估能力，而忽略其他。这种过于自我的优越感一旦形成，便容易偏激，容易傲慢，最终误了自己的前程。

能力是基础，但相比于能力，很多公司更看重的是员工的执行力。这一点，小公司不明显，越大的公司越是看重。

而说到执行，这里面必然夹杂了太多的不情愿。包括工作量爆表，包括任务分配不均，包括生活、情感因素，包括老板的做事方式与态度，也包括上文所提到的，你的意见与上级领导的相左。

等等这些，你所承受的苦与累、劳与怨、仇与恨，都应该算你工资的一部分。这部分薪水，就是要你去克服你的负面情绪，往白了说，就是花钱买你的心情。

这很现实。上周我去见某出版公司的编辑，她也做了一些知名的畅销书，但让她头疼的是，她目前所在的出版公司，只对重量级的作者费心思宣传，却不会给未成名的作者太多资源，包括广告包括营销，有些书即便加印了，也不可能因此获得更大力度的推广。

在她看来，这种对于新人的不器重，便是她一直不能接受的事实。她一直认为，大红大紫的作者的书卖得好，并不能证明她自身的实力，把一个新作者做成红人，才算本事。

可如果你是决策者，那些知名作者或许会给公司带来足够的收益，无论品牌还是利润。

两者矛盾明显，各有苦衷。

但就目前的状况而言，她并不会走，原因很简单，接连跳槽于她发展不利。

那么这份工资里，除了她的能力以外，一定还有许多的隐忍和不情愿。

是啊，我们可以有骨气，但不必故意跟钱过不去。

好了，与你们说道了一番，劝解的同时，也是希望自己可以变得忍耐一些、理解一些。至少我现在的能力，还没有到达说走就走、走后无悔的地步。

我脑后一块反骨，生性不受约束，唯有寄托给岁月和见识，一点点去磨砺、去安抚。

其实教人妥协的我，是一个极其偏执任性的顽童。

因为任性，我吃过太多的亏，我深知倔强害人之深，所以才不想让你们如我一般，不受待见。

老总监一句话我至今记得：你这种人，生来骄傲，是别人眼中的刺；但你也有你的路，只不过一定要比别人更拼更卖命才行。

如今的隐忍，是为了将来游刃有余的改变。一个人只有努力成为更好的人，才有资格任性，才有理由放肆，才有资本去选择追求自己想要的一切。

一只站在树上的鸟儿，从不会害怕树枝断裂，它相信的不是树枝，而是自己的翅膀。一个敢做敢言的人，也不会轻易被环境左右，他相信的不是运气，而是自己的实力。

鸟儿的安全感，不是它有枝可栖，而是它知道就算树枝断裂它还可以飞翔。

人也一样，或许你有很好的家境，有朋友依赖，有金钱支撑，但这都不是你的安全感，这是你的幸运。

唯有自己内心愈发沉稳，身怀的本事才能够支撑你的整个人生。